Pseudosciences et postmodernisme :

adversaires ou compagnons de route ?

ALAN SOKAL

Pseudosciences et postmodernisme : adversaires ou compagnons de route ?

Traduit de l'anglais (États-Unis)
par Barbara Hochstedt

Préface de Jean Bricmont

Préface

Le point de vue philosophique auquel j'adhère est, pour utiliser, faute de mieux, un terme en général considéré comme péjoratif, le *scientisme*. Le scientisme affirme, d'une part, que les buts de la science incluent la découverte de vérités objectives empiriques ; et, d'autre part, que la science s'approche assez bien de ce but, du moins de temps en temps. La théorie moléculaire des gaz est, je suppose, un exemple où elle y arrive en physique, ainsi que la théorie de la cellule en biologie, ou la théorie, en géologie, selon laquelle la Terre est très vieille et celle, en astronomie, selon laquelle les étoiles sont très lointaines...

J'ai tendance à penser que le scientisme, défini ainsi, n'est pas seulement vrai mais *manifestement et évidemment vrai* ; c'est quelque chose dont, à la fin du XXe siècle, aucune personne pouvant prétendre avoir eu une éducation convenable et un minimum de sens commun ne devrait douter. Mais, en fait, le scientisme est tendancieux. Il est attaqué, sur la gauche, par une série de relativistes et de pragmatistes et, sur la droite, par une série d'idéalistes et d'apriroristes. Des gens qui, par ailleurs, s'adressent à peine la parole – les féministes et les fondamentalistes par exemple – sont souvent unanimes et véhéments pour rejeter le scientisme. Mais, bien que le rejet du scientisme produise d'étranges compagnons de lit, il arrive d'une certaine façon à les produire en grand nombre.

Jerry FODOR[1].

Cet ouvrage est un essai, dans le sens originel du terme : il s'agit d'une tentative préliminaire de soulever des questions que l'auteur trouve intéressantes (et peut-être même importantes), sans pour autant prétendre les résoudre. Sokal part d'un paradoxe, soulevé aussi par le philosophe Jerry Fodor dans la citation ci-dessus : comment des gens qui se présentent comme extrêmement sceptiques, les « postmodernes » ou les « relativistes », peuvent-ils être, au moins dans certaines circonstances, des « alliés objectifs » ou des « compagnons de route » de gens qui sont excessivement crédules, à savoir les adhérents des pseudosciences ou des religions ? Après avoir défini aussi précisément que possible ce qu'il entend par « postmodernisme » et par « pseudoscience », Sokal discute principalement deux exemples où des pseudosciences sont appuyées, soit dans leur propre discours, soit dans des discours de philosophes ou de sociologues, par des arguments postmodernes ou relativistes : d'une part, diverses médecines parallèles, en particulier le « toucher thérapeutique », d'autre part, la « science védique » en Inde, c'est-à-dire un habillage habile des superstitions traditionnelles.

Mais l'importance du livre va au-delà de ces exemples particuliers. Il s'inscrit dans un mouvement général, dont l'affaire Sokal, rappelée ci-dessous, a été un épisode important, d'une reconquête rationaliste du discours intellectuel. Il est difficile de mesurer exactement le degré d'irrationalisme dans une société, à un moment donné de l'histoire, parce que cette question met en jeu un trop grand nombre de variables. Mais, si l'on se restreint à la vie intellectuelle, il est relativement facile de voir quels sont les idées et les courants domi-

---

1. Jerry Fodor, *In Critical Condition. Polemical Essays on Cognitive Science and the Philosophy of Mind*, Cambridge, MIT Press, 1998, p. 189.

nants. Notre époque est caractérisée, de ce point de vue, par une méfiance excessive à l'égard des sciences et de la raison et par une sympathie tout aussi excessive à l'égard de l'irrationnel et du religieux. Cet état d'esprit est un des aspects de ce qu'on peut appeler le « postmodernisme », c'est-à-dire en gros l'idée que la modernité, caractérisée par un esprit scientifique et rationnel, est ou doit être dépassée. Ce qui est particulièrement irritant dans cette mouvance, c'est le discours de gens qui, tout en n'étant pas eux-mêmes particulièrement religieux ou superstitieux, en tout cas pas ouvertement, légitiment les superstitions, par exemple en les déclarant, d'une façon ou d'une autre, « aussi valides » que les sciences. C'est en grande partie à une critique de cette attitude qu'est consacré ce livre.

Nous vivons, en France et en général en Europe, dans une époque où, comparativement parlant, le poids de la religion et des Églises est faible. Mais ce n'est pas le cas aux États-Unis, en Inde (comme on le verra plus loin), en Afrique, en Amérique latine (où le catholicisme recule, mais souvent au profit de sectes protestantes), ou dans les pays musulmans. Loin de considérer, comme le font certains, que les racines chrétiennes de l'Europe en sont la caractéristique essentielle, on devrait plutôt considérer la disparition de la religion de l'espace public comme la marque de « l'exception européenne », et son principal titre de gloire. D'un point de vue historique et géographique, c'est presque un miracle. Reste à savoir si cela va durer. On peut l'espérer, mais ce n'est pas certain, et les gens qui s'amusent à attaquer l'esprit scientifique, comme s'il s'agissait du problème principal de notre temps, sous-estiment le danger d'un retour en force du religieux (qui est certainement le secret espoir d'une bonne partie de l'Église catholique). Après tout, une remontée de la religion a sûrement eu lieu, au cours de ces dernières décennies, aux États-Unis et dans diverses parties du tiers-monde. Faire l'apologie, même indirectement, de l'obscurantisme revient à faire courir un sérieux risque à nos sociétés. Quand on voit l'état du champ intellectuel contemporain, on ne peut s'empêcher de penser que sa reconquête rationaliste est une entreprise aussi nécessaire que titanesque.

Les attaques contre la science et la rationalité ont souvent deux aspects : un aspect philosophique et un aspect moral et politique. Dans le texte de Sokal, on verra comment un mélange des deux types d'arguments est utilisé, sans faire de distinction claire entre les deux, en faveur à la fois des médecines parallèles et de la « science védique ». Dans la deuxième partie de cette introduction, je développerai quelques arguments extrêmement simples qui permettent de répondre aux attaques de type philosophique (des problèmes épistémologiques plus subtils seront abordés dans l'Appendice B). Ensuite, je discuterai brièvement la question de l'impact de la science sur le plan politique et de la responsabilité morale des scientifiques.

Mais, pour commencer, je vais rappeler ce qu'a été l'affaire Sokal, et la comparer à l'affaire Teissier, du nom de la célèbre astrologue qui a obtenu un doctorat de sociologie en 2001, affaire qui illustre également le lien entre postmodernisme et pseudosciences.

De l'affaire Sokal à l'affaire Teissier

En 1994, les éditeurs d'une revue américaine, *Social Text*, ont reçu un article au titre énigmatique : « Transgresser les frontières : vers une herméneutique transformative de la gravitation quantique », soumis par un obscur physicien de l'Université de New York, Alan Sokal. Cet article prétendait être une contribution au débat sur la « guerre des sciences » qui est supposée se dérouler entre, d'une part, les praticiens des sciences exactes et, d'autre part, certains courants en sociologie et en histoire des sciences, ainsi qu'en « études culturelles » (*cultural studies*), et qui porte sur le statut de l'objectivité, sur celui de la science, ainsi que sur la rigueur intellectuelle de ces mêmes études culturelles. L'article de Sokal venait peu après qu'un biologiste et un mathématicien, Paul Gross et Norman Levitt, eurent publié un ouvrage très critique sur ce qu'ils appelaient « une superstition haut de gamme », répandue dans la « gauche académique » et s'opposant à la science[2]. Sokal se présentait comme un physicien venu appuyer l'autre camp – celui des *cultural studies*. Par ailleurs, les éditeurs de *Social Text* voulaient consacrer un numéro spécial de leur revue à une réponse au livre de Gross et Levitt. L'article d'un physicien dissident leur a sans doute semblé être une aubaine inespérée, et ils l'ont inclus dans leur numéro spécial, publié en 1996[3].

Malheureusement pour eux, cette aubaine ressemblait fort à ce cheval de bois introduit il y a longtemps dans une ville d'Asie mineure. Sokal avait en fait rédigé une parodie, parce qu'il estimait que les réactions faisant suite au livre de Gross et Levitt étaient en général injustes sinon malhonnêtes (par exemple, ces réactions attaquaient les intentions présumées des auteurs plutôt que leurs assertions, procédé auquel Sokal allait se heurter fréquemment par la suite). Plus généralement, Sokal voulait réagir à un certain nombre de courants intellectuels influents dans l'intelligentsia américaine. Il

---

2. Paul R. Gross, Norman Levitt, *Higher Superstition : The Academic Left and Its Quarrels with Science*, Baltimore, Johns Hopkins University Press, 1994. Notons que, si la critique de Gross et Levitt a été perçue, à tort ou à raison, comme étant de droite, une critique tout aussi radicale du postmodernisme, mais de gauche, avait été faite précédemment par Noam Chomsky, « Le vrai visage de la critique postmoderne », *Agone*, 18-19, 1998, p. 49. Le texte anglais, consultable en ligne (http://www.zmag.org/ZMag/articles/chompomoart.html), date de 1992.
3. Alan Sokal, « Transgressing the boundaries : Towards a transformative hermeneutics of quantum gravity », *Social Text*, 46-47, 1996, p. 217-252. Cet article, ainsi que les autres articles sur le sujet, sont consultables sur http://www.physics.nyu.edu/faculty/sokal/. Sa traduction en français se trouve dans l'Appendice A d'Alan Sokal et de Jean Bricmont, *Impostures intellectuelles*, Paris, Odile Jacob, 1997.

visait principalement deux cibles. Premièrement, l'idée que la science est un « récit » parmi d'autres, sans valeur cognitive particulière, ou, plus généralement, l'idée relativiste que toutes les connaissances ou tous les points de vue se valent. Ensuite, l'usage fréquent d'un jargon incompréhensible, en particulier celui qui consiste à invoquer des résultats de physique ou de mathématique afin d'en tirer des conclusions philosophiques ou politiques ; lorsque cette invocation est faite face à un auditoire de non-scientifiques, peu susceptibles de comprendre le raisonnement et encore moins de le critiquer, elle constitue un abus typique de l'argument d'autorité.

Pour apprécier la parodie, le mieux est sans doute de la lire. Sokal commence par rejeter le « dogme imposé par la longue hégémonie des Lumières sur la pensée occidentale », en résumant d'autant mieux ce « dogme » qu'il y adhère pour l'essentiel :

> Il existe un monde extérieur à notre conscience, dont les propriétés sont indépendantes de tout individu et même de l'humanité tout entière ; ces propriétés sont encodées dans des lois physiques « éternelles » ; et les êtres humains peuvent obtenir de ces lois une connaissance fiable, bien qu'imparfaite et sujette à révision, en suivant les procédures « objectives » et les contraintes épistémologiques de la (soi-disant) méthode scientifique.

Sokal cite ensuite tous les travaux qui sont supposés, dans le discours postmoderne, avoir ébranlé ce dogme : la mécanique quantique (particulièrement telle qu'elle est présentée dans les ouvrages de vulgarisation de Bohr et Heisenberg), les travaux de Kuhn, Feyerabend, Latour, Bloor et d'autres en histoire, en philosophie et en sociologie des sciences, les critiques « féministes et poststructuralistes », et il en tire la conclusion suivante :

> Il est ainsi devenu de plus en plus clair que la « réalité » physique, tout autant que la « réalité » sociale, est fondamentalement une construction linguistique et sociale ; que la « connaissance » scien-

tifique, loin d'être objective, reflète et encode les idéologies dominantes et les relations de pouvoir de la culture qui l'a produite ; que
les assertions de la science sont, de façon inhérente, dépendantes
de la théorie [*theory-laden*] et autoréférentielles ; et, par conséquent, que le discours de la communauté scientifique, malgré sa
valeur indéniable, ne peut pas prétendre à un statut épistémologique privilégié par rapport aux narrations contre-hégémoniques
émanant de communautés dissidentes ou marginalisées.

On remarquera qu'apparaît déjà ici l'idée qui sera développée (et combattue) dans le présent ouvrage, à savoir que
la science n'a pas de statut privilégié en matière de connaissance, particulièrement face aux mythes ou aux pseudosciences (qualifiées de façon typiquement postmoderne et
politiquement correcte comme étant des « narrations contre-
hégémoniques émanant de communautés dissidentes ou
marginalisées »).

Sokal prétend ensuite approfondir ces idées grâce à la
gravitation quantique : dans cette théorie, dit-il, « la variété
d'espace-temps cesse d'exister comme réalité physique objective ; la géométrie devient relationnelle et contextuelle ; et les
catégories conceptuelles fondamentales de la science antérieure – entre autres, l'existence elle-même – deviennent pro-
blématisées et relativisées. Cette révolution conceptuelle a,
comme je vais le soutenir, des implications profondes pour
le contenu d'une science future qui soit à la fois postmoderne et libératoire ».

Le reste de l'article est du même tonneau : il n'y a ni
suite dans les idées ni véritable raisonnement, l'argument
d'autorité est constamment utilisé à travers des citations
d'auteurs célèbres américains et français (entre autres
Deleuze, Derrida, Guattari, Irigaray, Lacan, Latour, Lyotard,
Serres et Virilio) et des références à des théories physiques
ou mathématiques invoquées sans explication ; de plus, à
tout moment, Sokal montre qu'il est du « bon côté », postmoderne et progressiste.

Peu après, Sokal révéla la supercherie dans *Lingua Franca* (un journal consacré principalement au monde académique, et dont l'un des journalistes avait en fait deviné que l'article devait être parodique) en expliquant ses motivations, à la fois philosophiques et politiques[4]. Sur ce dernier plan, Sokal ne voulait en aucun cas que sa parodie soit vue ou utilisée comme une attaque contre la gauche, académique ou non (il avait lui-même travaillé au Nicaragua à l'époque sandiniste), mais il soulignait combien une philosophie postmoderne et relativiste constitue un mauvais point de départ sur lequel fonder une critique sociale quelconque, qu'elle soit modérée ou radicale.

La réaction alla bien au-delà de ce à quoi Sokal pouvait s'attendre : article en première page du *New York Times* et, après cela, quantité d'autres articles, d'entretiens et de débats[5]. Ni Sokal ni moi ne pensions que cette affaire toucherait une corde à ce point sensible et susciterait de telles passions. Étant depuis longtemps ami de Sokal (que j'avais rencontré à Princeton en 1979 lorsque j'y étais jeune enseignant et qu'il y finissait sa thèse), j'avais reçu la parodie à peu près en même temps que les éditeurs de *Social Text*, et je l'avais trouvée extrêmement amusante (tout en admettant que j'avais lu, étudiant, certains textes ou auteurs cités par Sokal sans me rendre compte à l'époque de leur côté pour le moins superficiel) ; mais, même après avoir lu le livre de Gross et Levitt, je ne m'attendais pas à ce qu'elle soit publiée. Au minimum, on aurait pu penser que les éditeurs s'abstiendraient de publier un texte dont le jargon était tellement obs-

---

4. Alan Sokal, « A physicist experiments with cultural studies », *Lingua Franca*, 6 (4), mai-juin 1996, p. 62-64. (http://www.physics.nyu.edu/faculty/sokal/)

5. La réaction en France fut relativement tardive (voir Natalie Levisalles, « Le canular du professeur Sokal », *Libération*, 3 décembre 1996, p. 28, pour le premier article sur le sujet), mais rapidement virulente (voir Denis Duclos, « Sokal n'est pas Socrate », *Le Monde*, 3 janvier 1997, p. 10).

cur que ni eux ni leurs lecteurs ne pouvaient en comprendre un traître mot ou que, par prudence, ils demanderaient à un physicien de jeter un coup d'œil sur l'article, ce qui aurait vite révélé l'imposture.

Quoi qu'il en soit, Sokal m'avait également envoyé une série de citations d'auteurs français célèbres, faisant un mésusage flagrant de concepts de physique ou de mathématique, qu'il avait collectionnées et dont il avait extrait de brefs passages pour confectionner sa parodie. Nous avions décidé de publier ensemble ces textes, assortis de commentaires. La publication de la parodie et les réactions qu'elle a suscitée ont donné une certaine ampleur à notre projet : il fallait expliquer plus en détail la nature de notre critique, réfuter les arguments philosophiques utilisés pour justifier le relativisme, et répondre à diverses attaques. Cela déboucha sur la publication, à l'automne 1997, d'*Impostures intellectuelles*, sa traduction en anglais l'année suivante, ainsi que, par la suite, dans un certain nombre d'autres langues. Il faut souligner que, partout, les réactions furent diverses et pas du tout uniformément hostiles, même dans les milieux littéraires et de sciences humaines. Nous avons participé à quantité de débats, qui ont été, pour nous, en général, agréables et instructifs (même si certains débats étaient parfois surprenants, comme nous l'expliquons dans l'Appendice B).

En gros, les réactions hostiles sont de deux sortes : soit on nous reproche d'être naïfs, soit on nous accuse d'être des « flics de la pensée[6] ». Dans la préface à la deuxième édition française de notre livre, nous avons analysé en détail ces réactions hostiles, qui sont également discutées dans le livre de Jacques Bouveresse *Prodiges et vertiges de l'analogie*[7] ; on se contentera donc ici d'en dire quelques mots. Pour ce qui

---

6. Marc Ragon, « L'affaire Sokal, blague à part », *Libération*, 6 octobre 1998, p. 31.

est de la seconde accusation, c'est confondre liberté de critique et censure (confusion qui est très fréquente en France, pays où la véritable censure, celle des tribunaux, est malheureusement encore fort présente). De plus, nous maintenons que la critique de l'effet d'intimidation due au jargon pseudo-savant est une attitude à la fois pédagogique et démocratique (« libératoire » si on veut) et que c'est l'abus de ce jargon qui est en fait répressif pour l'auditeur ou l'étudiant.

Pour ce qui est de la naïveté, remarquons d'abord que cette accusation est une forme de défense typique d'une posture « noble » ou « distinguée » du philosophe face au scientifique (comme dans l'accusation de « réalisme naïf »). En plus, notre critique du jargon contient implicitement un reproche de naïveté à l'égard de ceux que ce jargon impressionne, ce qui veut dire que nous sommes tout à fait prêts à retourner le compliment. Mais admettons que nous sommes naïfs. Sommes-nous néanmoins tellement stupides qu'on ne puisse jamais nous expliquer en quoi consiste notre naïveté ? On pourrait supposer que c'est ce que pensent les critiques qui nous font ce genre de reproche, puisqu'ils ne donnent presque jamais d'explication concrète de ce en quoi pourrait consister une attitude sophistiquée, qui contrasterait avec la nôtre[8]. Quoi qu'il en soit, un élément de réponse se trouve dans le présent ouvrage où, comme on le verra, un certain nombre de nos adversaires (mais pas tous), tout en étant soi-disant sceptiques et sophistiqués lorsqu'ils parlent de sciences, font preuve d'une énorme crédulité face aux pseudosciences.

---

7. Jacques Bouveresse, *Prodiges et vertiges de l'analogie*, Paris, Raison d'agir, 1999. Pour la deuxième édition, voir Alan Sokal et Jean Bricmont, *Impostures intellectuelles*, Paris, Le Livre de poche, 1999.

8. De plus, on peut légitimement penser qu'il existe des problèmes philosophiques, par exemple celui du fondement ultime de nos connaissances, qui sont tellement profonds qu'ils sont en réalité insolubles, et que, face à ceux-ci, il est en fin de compte raisonnable de prendre une attitude en apparence naïve. On reviendra sur cette question dans l'Appendice B.

Cela nous amène naturellement à l'exploit réalisé en avril 2001 par l'astrologue Élisabeth Teissier, consistant à obtenir un titre de docteur en sociologie à l'université de Paris-V, avec la mention « très honorable » (la plus haute, en dehors des félicitations du jury), pour une thèse sur la « situation épistémologique de l'astrologie à travers l'ambivalence fascination/rejet dans les sociétés postmodernes[9] » . Cet exploit est peut-être encore plus révélateur de l'air du temps que la parodie de Sokal. En effet, il ne s'agit pas ici simplement de l'incapacité des éditeurs d'une revue de distinguer entre le sens et le non-sens, mais d'un diplôme important décerné par une université prestigieuse.

Il faut d'abord écarter un malentendu : le scandale ne vient pas, comme certains commentateurs ont donné l'impression de le croire, du fait qu'une thèse est consacrée à l'étude sociologique des croyances astrologiques. Personne n'objecte à cela. Mais, si l'on parcourt la thèse, même superficiellement, on s'aperçoit vite qu'il ne s'agit nullement d'un travail de sociologie : il n'y a aucune donnée empirique (en dehors du récit des aventures de madame Teissier, de ses démêlés avec les médias, de ses « révélations », de ses relations avec des personnages importants), aucune neutralité par rapport à son sujet (elle affirme clairement que son but est de restaurer l'ancien statut de ce qu'elle appelle la « science royale des astres » en tant que discipline enseignée en France à l'université), et finalement son appréciation des facteurs favorisant la fascination envers l'astrologie ou son

---

9. Voir l'analyse détaillée de la thèse, sur les plans sociologique, scientifique et philosophique par Bernard Lahire, Philippe Cibois, Dominique Desjeux, Jean Audouze, Henri Broch, Jean-Paul Krivine, Jean-Claude Pecker, Denis Savoie et Jacques Bouveresse, disponible en ligne sur le site de l'Association française pour l'information scientifique : http://www.pseudo-sciences.org/teissier/analyse.htm
Voir aussi Jean Bricmont et Diana Johnstone, « L'astrologie, la gauche et la science », *Le Monde diplomatique,* août 2001. Les citations ci-dessous sont tirées de la thèse.

rejet est entièrement subjective (le rejet étant systématiquement évalué négativement, et la fascination positivement).

L'argumentation de Teissier en faveur de l'astrologie relève, comme chez plusieurs auteurs cités dans ce livre, en partie du discours pseudoscientifique traditionnel, en partie d'arguments postmodernes. Pour ce qui est du premier aspect, elle affirme, que « les théories astrologiques devraient donc avoir le statut de théories scientifiques puisqu'elles sont falsifiables par l'observation, la statistique[10] ». Mais, comme la plupart des défenseurs des pseudosciences, son rapport à la statistique est sélectif : elle fait référence, à plusieurs reprises, aux statistiques de Michel Gauquelin, qui a cherché à établir un lien entre la planète Mars et la destinée des champions sportifs, mais elle passe sous silence l'étude détaillée qui les réfute, étude fondée sur un protocole accepté par Gauquelin lui-même, et qui est sans doute un des meilleurs tests de l'astrologie[11]. Son attitude très particulière à l'égard des preuves empiriques est encore plus évidente lorsqu'on lit l'horoscope qu'elle offre d'André Malraux, dont un talent particulier serait « probablement hérité des vies antérieures (c'est là du moins la théorie de certains astrologues dont nous sommes[12]) ».

De plus, loin d'être une science parmi d'autres, l'astrologie serait une science du *tout*, expliquant les systèmes philosophiques et religieux (par exemple, le marxisme, le spinozisme, le luthérianisme, la psychanalyse freudienne ou jungienne) puisque ceux-ci sont « en correspondance avec leurs auteurs *via* leur personnalité ». Il s'ensuit que « l'astrologie, en tant que science par excellence de la caractériologie, expliquait la différence et la variété des uns et des autres[13] ».

---

10. P. 765.
11. Voir Claude Benski *et al.*, *The Mars Effect, a French Test over 1 000 Sports Champions*, Amherst, New York, Prometheus, 1996. Et Jean-Paul Krivine, « Mars ne s'intéresse pas aux sportifs », *Les Cahiers rationalistes*, Paris, janvier 1999, p. 6-12.
12. P. 127.
13. P. XI.

Apparemment, madame Teissier a voulu remplacer le réductionnisme sociologique par le réductionnisme astrologique.

Pour ce qui est du second aspect, certains procédés de Teissier sont identiques à ceux utilisés par Sokal dans sa parodie. Celui-ci truffait son texte de citations hors sujet et de noms d'auteurs célèbres, en n'oubliant jamais de flatter les éditeurs de *Social Text* ; de même, madame Teissier mobilise une pléiade d'auteurs à la mode (ainsi que l'incontournable Heisenberg qui aurait montré, selon Teissier, que « l'intention d'un chercheur [...] déteint sur les résultats d'une recherche[14] »), tout en donnant une place d'honneur à son directeur de thèse, Michel Maffesoli[15]. Comme Sokal surtout, elle appuie sa thèse sur l'idée relativiste selon laquelle la science « officielle » ne serait qu'un récit parmi d'autres, récit certainement inférieur à la « science royale des astres ».

Les normes minimales d'un travail académique (exactitude des citations et des références) ne sont pas respectées. La thèse s'ouvre sur une citation d'Einstein en faveur de l'astrologie, donnée sans référence et dont rien n'indique qu'elle n'ait pas été inventée de toutes pièces. Aucun membre du jury ne semble s'être inquiété de ce détail.

On a pu assister également à certaines réactions semblables à celles qui ont eu lieu lors de l'affaire Sokal, en particulier le déni du scandale. Par exemple, le sociologue Alain Touraine nie que madame Teissier ait « affirmé que l'astrologie est une science », une affirmation qu'il aurait trouvée scandaleuse. Alain Touraine soutient que madame Teissier n'a pas consacré sa thèse à une fausse science comme on le prétend : « Elle ne l'a consacrée qu'à elle-même[16]. » Comme on l'a vu

---

14. P. 743.

15. Mettant ainsi en pratique ce que David Lodge appelle « une loi de la vie académique : *il est impossible d'exagérer lorsqu'on flatte ses pairs* ». David Lodge, *Un tout petit monde*, Paris, Rivages, 1991 [*Small World*, New York, Macmillan, 1984].

16. Alain Touraine, « De quoi Élisabeth Teissier est-elle coupable ? », *Le Monde*, 22 mai 2001.

plus haut, c'est faux ; d'ailleurs, la thèse comprend une longue annexe consacrée aux « preuves irréfutables » de l'astrologie.

Finalement, on peut se poser la question des motivations du directeur de thèse et du jury qui les ont amenés à accepter une pareille thèse. Dans le cas du directeur, M. Maffesoli, il semble que sa motivation soit principalement politique, et assez typiquement postmoderne, étant donné son rejet de la « violence totalitaire » de l'universalisme et sa sympathie pour la « sagesse démoniaque », ainsi que pour ce qu'il appelle des « discours non conformes à l'ordre économique établi. De l'astrologie aux médecines parallèles, on retrouve le même souci populaire : trouver un ordre interne, qui a sa rigueur, mais qui se fonde sur l'inter-action permanente du matériel et de l'immatériel[17] ». Diffi-cile de démêler en quelques lignes toutes les confusions énoncées ici ; certaines sont abordées dans le texte de Sokal, lorsqu'il discute d'assertions semblables chez les postmoder-nes indiens (notons, par exemple, que le nazisme était à la fois « totalitaire » et explicitement antiuniversaliste). On peut néanmoins se demander si l'attribution de tels diplômes de doctorat fait bien partie de la mission de service public de l'Université et ne contredit pas le principe de la séparation entre la superstition et l'État. Mais tout ce qui précède sug-gère qu'il est peut-être utile de faire quelques remarques épistémologiques et, ensuite, politiques.

Pour un scepticisme raisonnable

Si j'étais assez faible que de me laisser surprendre à tes ridicules systèmes sur l'existence fabuleuse de l'être qui rend la religion nécessaire, sous quelle forme me conseillerais-tu de lui offrir un

---

17. Michel Maffesoli, *La Part du diable. Précis de subversion postmoderne*, Paris, Flammarion, 2002, p. 38-39.

culte ? Voudrais-tu que j'adoptasse les rêveries de Confucius plutôt que les absurdités de Brahma ? adorerais-je le grand serpent des nègres, l'astre des Péruviens, ou le dieu des armées de Moïse ? à laquelle des sectes de Mahomet voudrais-tu que je me rendisse ? ou quelle hérésie de chrétiens serait selon toi préférable ?

DAF de Sade[18].

Pour comprendre pourquoi une alliance entre postmodernisme et pseudosciences est possible, il faut d'abord comprendre la source des conflits suscités par la notion de science ou d'attitude scientifique et, pour cela, distinguer deux aspects dans le discours scientifique :

— Un aspect affirmatif, à savoir les assertions faites sur le monde réel par les diverses sciences, à un moment donné de l'histoire.

— Un aspect sceptique, qui consiste à douter de toutes les autres assertions faites sur le monde réel, par qui que ce soit, scientifique ou non scientifique[19].

C'est ce second aspect qui dérange et qui est subversif, au moins intellectuellement (la question des rapports entre science et politique sera abordée plus loin). Si la science se contentait de faire un certain nombre d'assertions sur le monde réel sans, en même temps, disqualifier « les autres savoirs », elle ne gênerait personne. La philosophe des sciences Isabelle Stengers exprime fort bien le problème lorsqu'elle écrit : « S'il est une date marquant l'origine de ce que nous appelons les sciences modernes, n'est-ce pas celle où Galilée refusa le compromis éminemment rationnel que lui proposait le cardinal Bellarmin : la doctrine héliocentrique serait, si les astronomes en étaient d'accord, "vraie",

---

18. Sade, *Dialogue entre un prêtre et un moribond*, Paris, Éd. Mille et Une Nuits, 1993, p. 14. C'est évidemment le moribond qui parle.

19. Évidemment, une grande partie de nos savoirs sur le monde sont constitués par les connaissances de la vie quotidienne, et personne ne propose de les mettre en question. Ce dont on discutera ici, c'est des discours (sur la structure de la matière, Dieu, l'inconscient, etc.) qui vont au-delà de ces connaissances.

mais elle ne le serait que relativement aux questions et aux calculs de cette profession. » Et elle ajoute : « Pouvons-nous exiger des descendants de Galilée le renoncement ascétique qu'il a refusé pour lui-même[20] ? » En d'autres termes, rien n'empêche les scientifiques de faire leur travail, pourvu qu'ils ne prétendent pas dire la vérité (sans guillemets) sur le monde et, ce faisant, contredire les autres discours (religieux par exemple). Au contraire, du point de vue défendu ici, c'est justement dans le refus de ce « compromis rationnel » et de cette « ascèse » que résident la force, l'intérêt et la dignité de la science moderne, et c'est précisément cela que les descendants de Bellarmin ne sont pas prêts à accepter.

Un des principaux arguments utilisés par les défenseurs de la religion ou des pseudosciences face aux effets disqualifiants de la science consiste à dire que la science ne parvient pas à découvrir les « vérités » auxquelles ils croient, parce qu'elle exclut ces vérités *a priori*, en vertu de préjugés qui sont souvent dénoncés comme « matérialistes », « réductionnistes », « mécanistes », « déterministes » ou parfois « occidentaux ». Forcément, diront-ils, la science ne découvre pas Dieu, l'âme, ou les vérités de l'astrologie, puisqu'elle exclut, *a priori* ou par principe, ou encore de par sa méthodologie propre, la possibilité même de l'existence de telles entités. Comme on peut le voir dans les textes que cite ici Sokal, c'est à travers ce genre d'arguments que le scepticisme apparent des postmodernes rejoint le fidéisme des pseudosciences et des religions. Les arguments critiques à l'égard des sciences, chez les relativistes et les postmodernes, reviennent presque toujours à soutenir que les vérités de la science dépendent d'un cadre posé *a priori* et que, par conséquent, les effets disqualifiants à l'égard des autres savoirs sont nuls et non avenus puisque ces savoirs relèvent simplement d'autres présupposés que ceux sur lesquels la science se construit[21].

---

20. Isabelle Stengers, *Cosmopolitiques*, t. 1, *La Guerre des sciences*, Paris, La Découverte - Les Empêcheurs de penser en rond, 1996, p. 15-16.

Pour répondre à ces arguments, remarquons d'abord que la science ne peut pas s'empêcher d'avoir objectivement une fonction disqualifiante vis-à-vis de toute une série de « savoirs », parce qu'elle en exerce constamment une à l'égard de son propre discours. Comment pourrait-on imaginer que quelqu'un rejette la théorie du phlogistique, le fixisme des espèces, l'hérédité des caractères acquis, ou, pour prendre un exemple plus subtil, la théorie de la gravitation de Newton, mais accepte l'astrologie ou l'homéopathie ? Après tout, les premières théories citées sont fausses, mais elle ne le sont pas manifestement, elles expliquent en partie un certain nombre de faits et, en tout cas, elle ne sont certainement pas pires, de ce point de vue, que les secondes.

De plus, il existe un argument simple qui justifie une forme de scepticisme qui n'est ni radical ni sélectif et qui incorpore l'aspect sceptique de la démarche scientifique telle qu'esquissée plus haut, tout en acceptant son aspect affirmatif. C'est l'argument avancé par le philosophe David Hume pour montrer qu'il n'est pas rationnel de croire aux miracles, argument qui a en fait une portée très générale[22]. Avant de voir pourquoi cet argument permet de répondre aux objec-

---

21. C'est sans doute pour cela que les idées de Kuhn, présentant la science comme fonctionnant à l'intérieur de paradigmes « incommensurables » les uns par rapport aux autres, ont tant de succès. L'idée de Bellarmin est, dans le fond, similaire, sauf qu'elle concerne un compromis politique explicite, plutôt qu'une doctrine épistémologique.

22. David Hume, *Enquête sur l'entendement humain*, traduit par Philippe Baranger et Philippe Saltel, Paris, GF-Flammarion, 1983 [1748], p. 184. Il convient de distinguer soigneusement entre cet argument sceptique par rapport aux miracles et le scepticisme radical vis-à-vis de toutes nos connaissances qui est souvent ce qu'on retient de la philosophie de Hume. Mais Hume considère qu'il faut traiter le scepticisme radical, en pratique, « par la négligence et l'inattention » ; et, en effet, s'il prenait réellement au sérieux le scepticisme radical, pourquoi aurait-il besoin d'un argument spécifique pour mettre en doute la croyance aux miracles ? Lorsqu'on parlera de scepticisme humien ci-dessous, c'est à l'argument contre la croyance aux miracles qu'il sera fait référence.

tions basées sur l'idée du « cadre posé *a priori* », il faut expliquer l'argument, ainsi que ses implications.

Supposons, dit Hume, que, comme c'est le cas pour la plupart des gens, vous n'ayez jamais vu un miracle vous-même, mais que vous ayez simplement entendu des gens vous rapporter (par exemple *via* la Bible) l'existence de miracles. Est-il rationnel d'y croire ? Non, répond Hume, parce que vous savez, par votre expérience personnelle, qu'il existe des gens qui se font des illusions ou qui cherchent à tromper d'autres personnes. Par contre, un miracle, vous n'en avez aucune expérience personnelle. Par conséquent, il est plus rationnel de croire que le fait que vous entendez un récit de miracle s'explique en supposant que quelqu'un se trompe ou vous trompe plutôt qu'en supposant qu'un miracle s'est réellement produit.

Hume ne dit évidemment pas qu'il ne faut croire qu'en ce qu'on perçoit directement, mais plutôt qu'il faut exiger de son interlocuteur que, si ce qu'il dit contredit notre expérience immédiate, ou va au-delà de celle-ci, il apporte des preuves de ce qu'il avance qui soient plus crédibles que cette expérience elle-même, en particulier que l'expérience quasi quotidienne de gens qui se trompent ou nous trompent. Hume était manifestement content de son argument puisqu'il écrivait qu'il « doit au moins réduire au silence la bigoterie et la superstition les plus arrogantes et nous délivrer de leurs impertinentes sollicitations[23] ».

L'argument est important non plus tant en ce qui concerne les miracles religieux traditionnels, auxquels peu de gens croient aujourd'hui, au moins en Europe, mais parce qu'il donne un bon exemple de la façon rationnelle de procéder pour effectuer un tri entre les diverses opinions auxquelles nous sommes confrontés. On peut et on doit poser la

---

23. Lucide, Hume ajoutait que cet argument « servira aussi longtemps que le monde durera. Car, je présume, c'est aussi longtemps qu'on trouvera des récits de miracles et de prodiges dans toute l'histoire, sacrée et profane ».

même question au garagiste qui vend des voitures d'occasion, au banquier qui fait miroiter des dividendes fabuleux, au politicien qui promet la sortie du tunnel après des années d'austérité, au journaliste qui rend compte d'événements se passant dans des pays lointains, ainsi qu'au physicien, au prêtre ou au psychanalyste : quels arguments me donnez-vous pour qu'il soit plus rationnel de croire ce que vous dites plutôt que de supposer que vous vous trompez ou que vous me trompez ? De plus, la longue liste des erreurs scientifiques passées (par exemple, le phlogistique et les autres théories mentionnées plus haut) rend le défi du sceptique encore plus difficile à relever. Ce point mérite d'être souligné, parce que les erreurs scientifiques sont souvent invoquées, comme argument indirect, par les partisans des religions et des pseudosciences, alors que ces erreurs fournissent en réalité des arguments en faveur d'un scepticisme accru, y compris évidemment à l'égard des doctrines non scientifiques.

Notons également que Hume ne dit pas que cette façon de raisonner permet toujours d'arriver à des conclusions correctes. En effet, il donne l'exemple d'un prince indien qui refusait de croire que l'eau gèle chez nous en hiver et il approuve sa façon de raisonner : l'eau se solidifie abruptement autour de zéro degré, et le prince, vivant dans un climat chaud, n'avait aucune raison de penser qu'un tel phénomène soit possible ; il était par conséquent rationnel pour lui de ne pas croire sur parole son interlocuteur venu d'Europe. Hume donne une règle méthodologique qu'il est rationnel de suivre en toutes circonstances ; mais que cette règle mène ou non à la vérité dans un cas particulier ne peut être garanti *a priori* et dépend du degré d'information que nous possédons dans ce cas-là.

Pour indiquer brièvement comment étendre le raisonnement humien sur les miracles, considérons les trois propositions suivantes :

1. La matière est composée d'atomes.

2. Certaines substances gardent un effet thérapeutique même après avoir été hautement diluées.

3. Dieu est amour.

Comment savoir lesquelles de ces propositions sont vraies[24] ? Aucune n'est *a priori* évidente, elles dépassent toutes de très loin notre expérience immédiate, et certaines sont même fort contre-intuitives (surtout la première : comment la matière solide peut-elle être composée d'atomes, c'est-à-dire essentiellement de vide ?). Envisageons comment chacune de ces doctrines survit à la critique fondée sur le scepticisme humien face aux miracles.

En ce qui concerne la physique et les sciences naturelles, on dispose de deux types d'arguments pour répondre au sceptique : d'une part, la technologie est réellement un « miracle[25] » ; nous y sommes trop habitués pour penser en ces termes, mais, si l'on pouvait voyager dans le temps et apporter des voitures ou des avions au XVIIIe siècle, ils seraient sûrement considérés (du moins à première vue) comme des miracles. Mais, à la différence des miracles auxquels fait allusion par exemple la Bible, les miracles technologiques sont reproductibles et visibles par tous et fournissent donc une réponse au sceptique. Néanmoins, cet argument est loin d'être totalement satisfaisant ; d'une part, parce que la technologie est en partie (mais de moins en moins) le résultat d'un processus de progrès par « essais et erreurs » qui n'est qu'indirectement lié à la science ; d'autre part, parce que bon nombre de théories scientifiques n'ont pas d'applications technologiques directes (par exemple la cosmologie ou la théorie de l'évolution[26]). Mais il existe un deuxième « miracle », à savoir l'adéquation entre une multitude d'observations et d'expériences et les prédictions déduites des théories scientifiques. De nouveau, il y a quelque chose de réellement miraculeux dans le fait que, dans un

---

24. Bien sûr, elles sont toutes trop schématiques pour être « vraies » ou « fausses » sans plus. Je les utilise simplement pour symboliser des théories ou doctrines (physique, pseudosciences, théologie) plus élaborées et détaillées qui peuvent, elles, être évaluées.
25. Indépendamment des jugements de valeur que l'on peut porter sur ses bienfaits ou ses méfaits.

monde où l'avenir est tellement imprévisible, on puisse prévoir avec une grande précision où va s'arrêter une aiguille sur un cadran à la fin d'une expérience. Bien sûr, ce genre d'arguments laisse ouvertes de nombreuses questions, par exemple sur le statut des entités « inobservables » introduites dans le discours scientifique (questions qui seront abordées dans l'Appendice B), mais il indique comment, en principe, répondre au sceptique et montrer que le discours scientifique n'est ni une pure illusion ni une pure tromperie.

Par contre, pour ce qui est de l'homéopathie et en général des pseudosciences, le problème vient de ce qu'il n'existe ni technologie « visible » ni tests empiriques comparables à ceux qui existent en sciences (précis, reproductibles, etc.) qui permettraient de répondre au sceptique. Il existe évidemment des guérisons, mais toute thérapie entraîne un certain nombre de guérisons dues à l'effet placebo (ce que même les homéopathes doivent admettre, à moins de soutenir que, lorsque cet effet est mis en évidence dans la médecine ordinaire, il est en réalité dû à un agent curatif invisible), et il n'existe aucune étude statistique montrant de façon convaincante que l'efficacité de l'homéopathie dépasse l'effet placebo ; or seuls de tels tests pourraient permettre de répondre au sceptique humien. En effet, puisque l'effet placebo existe, il est toujours plus rationnel, si l'on applique le raisonnement de Hume, de l'invo-

---

26. De plus, certaines théories scientifiques ont des conséquences au moins aussi surprenantes que les miracles, par exemple le paradoxe des jumeaux dans la théorie de la relativité (un des jumeaux, qui voyage à grande vitesse, peut revenir sur terre plus jeune que son frère) ou certains effets mis en évidence par la physique quantique. Mais, à la différence des miracles traditionnels, ces derniers effets sont fondés sur des expériences reproductibles. Pour ce qui est des jumeaux, il s'agit d'une extension aux êtres humains d'effets bien observés sur des particules élémentaires, ou même sur des montres très précises. Mais ce qui est important, c'est que ces aspects « miraculeux » des théories scientifiques montrent que la science n'est pas *a priori* hostile aux « miracles ». Elle demande simplement que ceux-ci soient appuyés par des arguments empiriques convaincants, ce qui de nouveau est simplement une conséquence du scepticisme humien.

quer comme explication des guérisons plutôt qu'attribuer une efficacité réelle aux produits homéopathiques.

De plus, et c'est là l'argument le plus important et le plus mal compris, la plausibilité de la théorie homéopathique a fort diminué avec le développement de la théorie atomique de la matière (qui n'existait pas au début du XIXe siècle, époque où l'homéopathie a été inventée). Les défenseurs de l'homéopathie ne se rendent pas toujours compte du fait que les millions d'expériences et d'applications confirmant la théorie atomique sont autant d'arguments indirects contre la théorie homéopathique, puisque, si les propriétés des corps dépendent de leur contenu atomique et moléculaire, comme le soutient la physique, et que les hautes dilutions arrivent à faire en sorte que plus une seule molécule du produit de départ ne subsiste dans le produit final, alors il y a un véritable conflit entre la théorie atomique et la théorie homéopathique, et tout argument en faveur de l'une est *ipso facto* un argument en défaveur de l'autre. À cela, les homéopathes répondent parfois que l'effet curatif vient du fait que les propriétés des substances actives sont transmises à l'eau, qui en garde la mémoire. Mais cela entre alors en conflit avec nos théories, elles aussi bien testées, sur la mécanique statistique des fluides. Les molécules d'un liquide sont constamment agitées par ce que les physiciens appellent « des fluctuations thermiques » et elles perdent ainsi la « mémoire » de leur état antérieur.

Un bon sceptique humien est donc en droit d'exiger des preuves en faveur de l'homéopathie d'autant plus fortes que la théorie est improbable. Lors de l'affaire de la mémoire de l'eau[27], la plupart des commentateurs n'ont pas eu l'air de comprendre que l'attitude rationnelle consistait justement à être plus sceptique vis-à-vis des allégations de Benveniste que

---

27. Les expériences de Benveniste sur l'effet biologique de solutions hautement diluées, qui semblaient fournir une base scientifique à l'homéopathie, ont été rapidement discréditées, après avoir été imprudemment annoncées par la revue *Nature*. Pour une plus ample discussion, voir Henri Broch, *Au cœur de l'extraordinaire*, Bordeaux, L'Horizon chimérique, 1992.

si l'on avait eu affaire à une expérience dont les implications ne contredisaient pas tant de théories bien établies. Pourtant, si l'on demandait à ces mêmes commentateurs de croire que quelqu'un qui a été condamné suite à un procès public, où des preuves matérielles précises et concordantes ont été produites, est en fait innocent, ils exigeraient des arguments au moins aussi solides que les preuves fournies lors du procès. La « méthode scientifique », du moins dans son aspect sceptique, n'est pas radicalement différente de ce genre de démarche.

Si l'on en vient à la troisième proposition, de type théologique, on se heurte à une autre sorte de problème : celle des assertions factuelles radicalement non empiriques. En effet, il est difficile d'imaginer comment une quelconque observation pourrait affecter d'une façon ou d'une autre la probabilité que nous pouvons attribuer à la véracité de cette assertion ou de sa négation (Dieu n'est pas amour). En effet, ces assertions sont trop imprécises pour qu'on puisse littéralement en déduire quoi que ce soit, et donc toute observation concevable laisse inchangée la probabilité qu'on lui attribue *a priori*. La seule façon de départager un énoncé théologique et sa négation est de faire appel à des textes sacrés, correctement interprétés. Mais comment faire pour déterminer, sans faire de raisonnement circulaire, quels textes sont sacrés et, lorsqu'ils sont ambigus, quelle est leur interprétation « correcte[28] » ?

Revenons finalement à l'argument esquissé ci-dessus selon lequel la science est incapable de découvrir les « vérités » des pseudosciences ou des religions parce qu'elle est enfermée dans un certain cadre posé *a priori*[29]. Même en admettant que la science rejette *a priori* certaines idées, que

---

28. Les religions justifient souvent leurs assertions par des arguments de type moral : elles sont supposées donner un sens à notre vie, ou nous encourager à faire le bien. Sans rentrer dans le détail de la critique de ce genre d'idées, remarquons qu'il est difficile de comprendre comment des arguments purement moraux pourraient justifier des assertions factuelles, ou comment une morale spécifiquement religieuse pourrait se passer entièrement d'assertions factuelles sur l'existence de Dieu, de la vie après la mort, etc.

faire lorsqu'on se trouve devant une doctrine non scientifique ? Pourquoi y croire plutôt que penser que ses adhérents se trompent ou vous trompent ? Quels arguments leurs partisans vous donnent-ils pour répondre à cette objection ? Comment répondre au défi lancé par Sade cité en exergue ? Comment choisir parmi toutes les doctrines non scientifiques qui existent ? L'attitude scientifique consiste simplement à poser ce genre de questions, ce qui n'a rien à voir avec un quelconque dogmatisme méthodologique, mais est simplement une forme un peu exigeante de sens commun.

Comme l'exemple du prince indien qui ne croyait pas que l'eau puisse geler en hiver le montre, on pourrait même parfaitement imaginer que certaines doctrines non scientifiques soient vraies, qu'elles ont été négligées par la « science officielle », mais que, néanmoins, il n'est pas rationnel d'y croire, parce qu'il n'existe aucun argument qui nous permette de les distinguer de la multitude des théories fausses. Il faut quand même préciser qu'il existe d'autres arguments contre les pseudosciences (par exemple, que beaucoup d'entre elles ont été testées et réfutées) qui font qu'il est peu probable qu'une d'entre elles soit vraie. Par contre, il existe sûrement des théories scientifiques vraies, mais que nous ne connaissons pas encore, et, si, mettons, une divinité inconnue faisait une apparition et venait nous les révéler, mais sans fournir de preuves empiriques en leur faveur, il serait à nouveau rationnel de ne pas y croire.

Cette réponse permet aussi de clarifier un certain nombre de confusions assez courantes, en particulier l'omnipré-

---

29. Notons au passage, même si ce n'est pas là l'essentiel de l'argument, que la science introduit des objets aussi bizarres que la fonction d'onde en mécanique quantique ou les ondes électromagnétiques qui se propagent « dans le vide », qu'elle admet certaines formes d'interaction à distance (à travers le théorème de Bell) ou encore qu'elle envisage l'hypothèse que l'espace-temps ait une dimension bien supérieure à quatre ; tout cela indique que les préjugés méthodologiques dans lesquels elle est supposée être enfermée ne sont pas si contraignants que cela.

sent discours sur « les » sciences (par opposition à « la » science[30]) qui auraient chacune sa méthodologie propre sinon sa rationalité propre (ce qui est souvent une façon de légitimer les pseudosciences ou les religions, qui se présentent comme justifiées, mais uniquement « du point de vue de leur méthodologie ou de leur rationalité propre »). Il est vrai que le physicien, le biologiste ou le sociologue n'utilisent pas les mêmes méthodes et que la façon de vérifier des assertions peut varier d'une discipline à l'autre. Mais, si l'on y réfléchit, on verra que, dans chaque discipline scientifique, on s'efforce simplement de répondre au questionnement du sceptique humien : si je ne peux pas reproduire vos expériences ou vos observations, si vous n'utilisez pas de « témoin », si votre médicament ne peut pas être testé en double aveugle, etc., alors pourquoi devrais-je croire ce que vous dites ?

Pour revenir à Galilée et à son refus du « compromis éminemment rationnel », on peut suggérer que, d'un point de vue historique, la naissance de la science a relevé le niveau de nos exigences épistémologiques : c'est lorsqu'on a de bons arguments (c'est-à-dire des arguments empiriques) qu'on peut le mieux se rendre compte qu'il en existe de mauvais. Avant la révolution scientifique du XVIIe siècle, l'humanité se trouvait, épistémologiquement parlant, dans la nuit où tous les chats sont gris. Mais, conceptuellement, la partie affirmative et la partie sceptique du discours scientifique sont indépendantes (et, bien sûr, la partie sceptique existe depuis au moins l'Antiquité grecque). Même si l'on me démontrait, par impossible, que toute la science moderne est

---

30. Par exemple, la psychanalyste Élisabeth Roudinesco oppose aux « discours scientistes » de Sokal et Bricmont, « qui nourrissent les pires excès d'une normalisation policière de la pensée », « une tout autre figure de la science : non pas *la* Science conçue comme une abstraction dogmatique, tenant la place de dieu ou d'une théologie répressive, mais *les* sciences organisées de façon rigoureuse, ancrées dans une histoire et découpées selon les modes de production du savoir » (Élisabeth Roudinesco, *Pourquoi la psychanalyse ?*, Paris, Fayard, 1999, p. 142).

fausse, cela ne changerait en rien mon scepticisme par rapport aux pseudosciences et aux religions[31].

Science, morale et politique

> Nous sommes contents des gars de l'arrière à Dow Chemical. Au début, le produit n'était pas si chaud. Si les niakwés allaient vite, ils pouvaient l'enlever. Alors les gars ont ajouté du polystyrène – maintenant cela leur colle à la peau comme de la merde sur une couverture. Mais s'ils sautaient dans l'eau, cela cessait de brûler, alors ils ont ajouté du phosphore blanc, de façon que cela brûle mieux. Cela brûle même sous l'eau. Et une goutte suffit, cela les brûle jusqu'à l'os, de sorte qu'ils mourront de toute façon d'empoisonnement au phosphore.
>
> Un pilote américain parlant du napalm
> pendant la guerre du Viêt-nam[32].

Une partie des arguments avancés par les critiques des sciences sont de nature politique ou morale, surtout lorsqu'il s'agit de mouvements « postcoloniaux » en Inde ou ailleurs dans le tiers-monde, ou encore d'écologistes radicaux. Par conséquent, on ne peut pas limiter la discussion à des considérations purement épistémologiques, et il faut dire quelques mots sur la relation entre science et politique.

L'idée fort répandue selon laquelle la science n'a pas de conséquences sur le plan moral est vraie d'un point de vue strictement logique : on ne peut pas déduire une affirmation

---

31. Cet argument est important pour les débats entre créationnistes et scientifiques. En effet, les premiers font comme si chaque difficulté de la théorie de l'évolution était *ipso facto* un argument en faveur de leurs doctrines. Mais, même si la théorie de l'évolution était entièrement fausse, cela ne justifierait en rien une mythologie particulière concernant la création de l'univers par rapport aux autres.

32. Cité par Philips Jones Griffiths, *in Vietnam Inc.*, New York, Mcmillan, 1971.

morale uniquement à partir d'assertions factuelles. Mais, d'un point de vue historique et psychologique, c'est le contraire qui est vrai, et cela provient à nouveau du caractère disqualifiant de la science. Au cours des XVIIe et XVIIIe siècles en Europe et ensuite un peu partout dans le monde, le scepticisme scientifique a joué un rôle d'acide dissolvant petit à petit les croyances irrationnelles qui légitimaient les autorités supposées naturelles, qu'il s'agisse de la prêtrise, de la monarchie, de l'aristocratie, ou des classes et des races supérieures[33]. Par conséquent, s'il est vrai que la science n'a pas de conséquences morales d'un point de vue strictement rationnel, elle a eu et continue à avoir un immense impact sur les doctrines morales et politiques qui reposent sur des croyances irrationnelles. La même chose peut être dite du nationalisme, qui est aussi sapé par le scepticisme scientifique (vous dites que votre pays est le meilleur, mais votre voisin dit la même chose du sien : qui dois-je croire, et pour quelles raisons[34] ?).

Il faudrait pouvoir voyager dans le temps pour s'apercevoir combien les choses ont changé, et combien la jeunesse française contemporaine, par exemple, est différente de ce qu'elle était à l'époque des croisades, de Napoléon, des conquêtes coloniales ou encore de la Première Guerre mondiale. La jeunesse contemporaine, heureusement, ne « croit »

---

33. Et cela malgré le « racisme scientifique ». Cela nécessiterait une assez longue discussion, mais notons simplement que le « racisme scientifique » n'est pas, en tout cas aujourd'hui, la position dominante parmi les scientifiques. On pourrait aussi penser que ce sont les idées libérales et démocratiques plutôt que scientifiques qui ont joué ce rôle d'acide. C'est en partie vrai, mais il ne faut pas oublier que le développement de l'attitude scientifique s'est fait en parallèle avec le développement de ces idées, les unes épaulant les autres.

34. Le langage dans lequel la critique des doctrines morales traditionnelles est exprimé est malheureusement souvent radicalement relativiste, ce qui rend les discussions à ce sujet confuses. En effet, s'il est vrai que le relativisme moral souffre de défauts semblables au relativisme cognitif, ceux qui dénoncent ce relativisme oublient souvent combien la plupart des doctrines morales réellement existantes, par exemple les doctrines religieuses, sont en fait totalement arbitraires et sont donc des cibles parfaitement légitimes pour le scepticisme scientifique.

plus en rien (c'est-à-dire qu'elle adhère peut-être à un certain nombre de superstitions, mais plus aux mythes religieux et nationalistes du passé). Et cela est vrai même pour la partie de cette jeunesse qui est pratiquement dépourvue de toute formation scientifique, parce que l'impact idéologique de la science sur la société s'est surtout exercé en répandant un certain scepticisme par rapport aux « vérités » qui justifiaient l'arbitraire du pouvoir, le rôle des prêtres ou la supériorité d'un groupe humain par rapport aux autres. Paradoxalement, même le scepticisme contemporain à l'égard de la communauté scientifique (souvent vue comme une caste privilégiée) est le fruit de la gigantesque révolution culturelle antiautoritaire qui a été induite par la science moderne.

De ce point de vue, le rôle de la science a été extraordinairement progressiste ; on pourrait même dire que les idées progressistes en politique ne sont rien d'autre que l'application du scepticisme scientifique aux doctrines qui justifient, à un moment donné de l'histoire, l'ordre social existant[35]. Malheureusement, l'impact de la science ne se limite pas à cela ; envisageons, pour terminer, ce que pourrait être une véritable « autocritique des sciences », ou plus exactement de la communauté scientifique.

Pour cela, il faut tout d'abord apprécier l'importance de la force et de la violence dans les rapports sociaux. Dans les périodes de paix et dans les États démocratiques, on a tendance à oublier cet aspect des choses. Mais il est évident, pour prendre un exemple simple, que, si les pays arabes possédaient la puissance militaire d'Israël et si cet État avait la force

---

35. Ce qui ne veut pas dire que les scientifiques appliquent leur scepticisme spontané à ces doctrines. En tant qu'individus relativement privilégiés des sociétés dans lesquelles ils vivent, ils peuvent très bien succomber aux illusions autojustificatrices auxquelles le pouvoir et les privilèges mènent naturellement, dans toute société. Une exception notable et contemporaine à cette dérive se trouve dans l'œuvre de Noam Chomsky, dont la critique sociale supposée être « radicale » est en grande partie l'extension au domaine politique de son attitude supposée être « scientiste » par rapport à l'esprit et au langage.

des pays arabes, il y a longtemps que le « droit au retour » des réfugiés palestiniens de 1948 aurait été satisfait. Mais il y a d'autres exemples, un peu moins évidents : les États-Unis ont renversé ou contribué à renverser depuis 1945 une quantité de régimes (entre autres, au Chili, en Iran, au Brésil, au Nicaragua, au Guatemala, au Congo) ; ils ont mené des guerres qui, surtout en Indochine, ont provoqué des millions de morts. Ils imposent des embargos et des sanctions à quantité de pays[36]. Tout cela n'est possible que grâce à leur force militaire. En Irak, les Américains ne font certainement pas preuve de plus de courage ou d'ingéniosité que leurs adversaires, mais ils ont la technologie pour eux. De plus, les accords commerciaux, les ouvertures au libre-échange ou les remboursements de dettes ne sont possibles qu'en vertu de rapports de force, en principe économiques ; mais il ne faut pas oublier que tout rapport de force économique est toujours, en fin de compte, militaire. En effet, sans puissance militaire, comment forcer l'autre à payer ce qu'il vous « doit » ? C'est pourquoi, depuis le début de l'ère coloniale, l'Occident s'est toujours assuré, avant toute autre chose, de posséder une supériorité militaire absolue sur le reste du monde. Et c'est bien entendu cette supériorité que les États-Unis cherchent à conserver lorsqu'ils entreprennent la militarisation de l'espace[37]. Par ailleurs, un des buts constamment proclamés de la construction européenne est le renforcement de sa « défense ». On voit mal au nom de quoi d'autres puissances (Russie, Inde, Chine, Iran...) ne chercheraient pas, elles aussi, à renforcer leur « défense ». Il ne faut pas être très

---

36. Voir William Blum, *L'État voyou*, Paris, Parangon, 2002 et, du même auteur, *Les Guerres scélérates. Les interventions de l'armée américaine et de la CIA depuis 1945*, Paris, Parangon, 2004, pour une analyse détaillée de ces interventions.

37. Comme le fait remarquer assez candidement un journaliste américain libéral, la défense antimissiles balistiques « ne concerne pas la défense. Elle concerne l'attaque. Et c'est justement pour cela que nous en avons besoin ». Elle va « cimenter l'hégémonie américaine et faire des Américains les "maîtres du monde" ». Lawrence F. Kaplan, « Offensive line », *New Republic*, vol. 224, n° 11, 12 mars 2001.

perspicace, ni particulièrement pacifiste, pour se rendre compte que cette accumulation d'armes, outre qu'elle est une insulte permanente à la misère du monde, est dangereuse : un incident tel que Sarajevo en 1914, mais nucléaire, n'est pas à exclure.

Mais qui construit, invente et perfectionne toutes ces armes et qui rend indirectement possibles les injustices fondées sur la force ? Les scientifiques, évidemment. Le plus grand paradoxe de la communauté scientifique, c'est qu'elle désapprouve souvent l'usage qui est fait par les politiques et les militaires des armements dont ils disposent, mais qu'elle ne se pose que très rarement des questions sur son propre rôle, pourtant évident, dans la fabrication de ces armes. Un grand nombre de scientifiques travaillent directement pour les militaires, et ils ne font l'objet d'aucune réprobation de la part de leurs pairs[38]. De plus, la plupart des scientifiques dont les activités sont purement civiles acceptent sans broncher, et même souvent avec empressement, des fonds de recherche provenant de l'armée[39]. La collaboration entre scientifiques et militaires est structurelle et massive, et elle se fait pratiquement sans état d'âme.

Cela nous amène à un autre paradoxe, qui concerne les critiques des sciences. Un des aspects positifs, mais oublié, comme beaucoup d'autres, du mouvement de 1968 était justement la mise en cause des scientifiques et de leur respon-

---

38. Voir Roger Godement, *Analyse mathématique II. Calcul différentiel et intégral, séries de Fourier, fonctions holomorphes*, postface (p. 377-465), Berlin, Springer, 1998 pour une étude détaillée des collaborations entre scientifiques et militaires. Il est à noter que cette étude remarquable est publiée en annexe d'un livre d'analyse mathématique, ce qui reflète peut-être le peu d'intérêt qui existe pour ce genre de problèmes.

39. L'argument qui justifie en général cette démarche est que l'argent est ainsi « mieux utilisé » que s'il restait entre les mains des militaires. C'est faire peu de cas du fait que ceux-ci ne sont pas si bêtes et savent très bien quelle respectabilité et quelle influence ils achètent grâce à ce financement. De plus, si l'argument était valide, il le serait encore plus si l'argent provenait, mettons, du régime iranien ou d'Al-Qaïda, et il est peu probable que les scientifiques occidentaux accepteraient d'être financés par de telles sources.

sabilité morale dans l'accumulation d'armements, ainsi que dans la guerre du Viêt-nam[40]. Mais ce type de critique est presque inaudible aujourd'hui, parce que les critiques contemporaines se concentrent sur les aspects civils de la recherche (nucléaire, OGM, etc.), aspects qu'il faut sans doute examiner avec soin[41], mais dont les conséquences, même en admettant les pires scénarios catastrophes, sont négligeables par rapport aux effets réels de la domination militaire[42]. L'autre aspect sur lequel se centre la critique est la valeur épistémologique de la science, plan sur lequel celle-ci est imbattable, du moins comparée à toutes les alternatives existantes (religions ou pseudosciences). On ne peut s'empêcher de penser que ce genre de critique est tolérée et même encouragée dans les milieux intellectuels, justement parce qu'elle permet de prendre une posture en apparence radicale, tout en ne mettant nullement en cause les rapports de force et de pouvoir réels dans nos sociétés, lesquels reposent toujours, *in fine*, sur le militaire.

Finalement, il y a un paradoxe idéologique. Les scientifiques sont les premiers à dénoncer tous les aspects fanatiques de la religion – qu'il s'agisse du terrorisme islamique, du fondamentalisme hindou, du radicalisme écologique, du moralisme papal et même, le plus souvent, du discours de Bush. Mais ils prêtent peu d'attention à ce qu'on pourrait appeler « le fondamentalisme occidental », c'est-à-dire cette volonté de domination et d'hégémonie militaire. Évidem-

---

40. Sur la réécriture de l'histoire de Mai 68 par les intellectuels dominants, voir Kristin Ross, *Mai 68 et ses vies ultérieures*, Bruxelles, Éditions Complexe/ Le Monde diplomatique, 2005. Sur la critique de la collaboration scientifique-militaire faite à l'époque, voir Alain Jaubert, Jean-Marc Lévy-Leblond, *[Auto] critique de la science*, Paris, Seuil, 1973.
41. Pour les OGM, voir Louis-Marie Houdebine, *OGM, le vrai et le faux*, Paris, Le Pommier, 2ᵉ éd., 2003.
42. Pour ne prendre que l'exemple de l'Irak, l'embargo (dû en grande partie à l'administration démocrate de Clinton) a fait des centaines de milliers de morts, et l'invasion de 2003 au moins des dizaines de milliers (sans compter le fait que le conflit est loin d'être terminé).

ment, vu le rôle qu'ils jouent dans cette entreprise, il n'est pas surprenant qu'ils aient tendance à ne pas y prêter plus d'attention. L'autre aspect des choses qui est « oublié », c'est l'effet que cette volonté de domination a sur le reste du monde. Si les 20 % de la population mondiale qui possèdent 80 % des richesses décident d'accumuler des armes et de les déployer aux quatre coins du monde, tout en criant haut et fort que le droit international et la souveraineté nationale sont caducs, que va penser le reste de l'humanité ? Que peuvent-ils faire pour (réellement) se défendre ? Le fondamentalisme religieux dans les pays pauvres, en particulier dans le monde arabo-musulman, que les scientifiques occidentaux adorent dénoncer, est en partie le reflet du désespoir politique induit par l'hégémonie occidentale que ces mêmes scientifiques contribuent tant à maintenir.

Dans son célèbre passage sur l'opium du peuple, Marx disait de la religion qu'elle était l'auréole de cette vallée de larmes qu'est la Terre. Mais ceux qui contribuent le plus à faire couler les larmes (dans les guerres par exemple) sont mal placés, moralement parlant, pour lever les bras au ciel lorsque l'« auréole » se transforme en fanatisme.

En fin de compte, chaque bombe, chaque missile, chaque détecteur, que les scientifiques occidentaux inventent ou perfectionnent et qui sera utilisé, un jour ou l'autre, par leurs gouvernements contre le tiers-monde (ne serait-ce qu'à titre de menace) fait reculer les idéaux universalistes et rationalistes dont ils prétendent être les plus ardents défenseurs.

Jean Bricmont.

Pseudosciences
et postmodernisme[43]

> L'entendement humain n'est pas une lumière
> froide, il est soumis à l'influence de la volonté et
> des émotions, ce qui engendre un savoir fantai-
> siste : l'homme croit de préférence ce qu'il désire
> être vrai.
>
> Francis BACON – *Novum Organum*, Aphorisme 49.

Introduction

Il est de bon ton, dans certains milieux dits « cultivés »,
d'afficher son scepticisme radical à l'égard de la science
moderne, de prétendre refuser de croire à des théories scientifiques bien établies, comme la théorie microbienne par
exemple. Ce qui n'empêche pas ces beaux esprits, évidemment, de prendre des antibiotiques comme tout le monde.

---

43. Le texte anglais sera publié, avec l'Appendice A, dans Garrett Fagan (sld),
*Archaeological Fantasies : How Pseudoarchaeology Misrepresents the Past and
Misleads the Public*, Londres, New York, Routledge, 2005.

Parce que l'esprit scientifique est l'un des traits dominants de la modernité, cette tournure d'esprit qui consiste à douter de la science, voire à la soupçonner d'être à l'origine de nos maux les plus graves, comme le totalitarisme par exemple, se veut « postmoderne ».

Et d'un autre côté, apparemment aux antipodes, des systèmes de pensée font croire en des théories ou des phénomènes que la science moderne rejette comme radicalement invraisemblables. Par exemple, que la trajectoire des planètes peut influencer le cours des vies humaines – au-delà des effets physiques bien connus comme la trajectoire d'un astéroïde il y a 65 millions d'années qui a vraisemblablement eu un effet profond sur la vie sur Terre –, que des substances diluées jusqu'à ne plus laisser subsister la moindre molécule du remède peuvent néanmoins avoir des effets thérapeutiques, ou encore que prier à distance pour des malades peut accélérer leur guérison. Parce que ces doctrines prétendent s'appuyer sur des faits dont chacun pourrait faire l'expérience, alors qu'il ne s'agit que de témoignages douteux, on les appelle « pseudosciences ».

Quoi de commun, se demandera-t-on, entre le scepticisme radical du postmodernisme et la crédulité intéressée des pseudosciences ? Au premier abord, ils semblent aux antipodes l'un de l'autre. Et pourtant je voudrais montrer dans ce livre comment ils s'épaulent parfois l'un l'autre, le postmodernisme faisant le lit des pseudosciences, et les pseudosciences confortant les postmodernes dans leur communautarisme culturel.

D'une part, les défenseurs des pseudosciences – du moins les plus avertis d'entre eux – se rabattent parfois sur des arguments postmodernes lorsque la fiabilité ou la crédibilité de leurs preuves est mise en doute. S'il est vrai que ce stratagème n'est qu'un pis-aller, il a du moins l'avantage, pour eux, d'éviter la réfutation pure et simple.

D'autre part, le prétendu scepticisme des postmodernes s'applique souvent de manière sélective, si bien que le mépris pour les prétentions au savoir de la science moderne peut cohabiter chez eux avec une certaine sympathie à l'égard d'une ou de plusieurs pseudosciences, voire une franche croyance en leur bien-fondé. La plus grande partie de ce livre illustre ces deux tactiques complémentaires au moyen d'exemples empruntés à diverses pseudosciences. Dans la dernière partie, je montrerai que cette analyse, loin d'être un simple exercice intellectuel, a des conséquences considérables dans le monde réel.

Les trois termes clés de cette analyse – *science, pseudoscience* et *postmodernisme* – ayant dans l'usage des significations assez variables selon l'auteur, je vais commencer par définir du mieux que je pourrai le sens que je leur attribue. Je souligne qu'il n'existe aucune définition « correcte » de ces termes (pas plus que de n'importe quel autre) ; tout simplement, chaque auteur doit à ses lecteurs de définir aussi précisément que possible le sens dans lequel il se propose de les employer.

Chacun de ces termes recoupe trois aspects d'une même réalité : ils peuvent être compris comme se référant à un corpus d'idées, aux arguments utilisés à l'appui de ces idées ou encore à la communauté des femmes et des hommes qui les défendent ou y adhèrent. Je conserverai ces trois aspects tout en les distinguant chaque fois que nécessaire.

Le mot « science », dans son emploi courant, possède au moins quatre significations distinctes : il désigne une entreprise intellectuelle visant une compréhension rationnelle du monde naturel et social, un corpus de savoirs substantiels communément acceptés, la communauté scientifique avec ses mœurs et sa structure économique et sociale, et enfin, les sciences appliquées et la technologie. Dans cet essai, je me concentrerai sur les deux premiers aspects, tout en évoquant de manière subsidiaire la sociologie de la communauté scientifique. Par « science », j'entends donc tout d'abord une vision du monde qui accorde la première place à la raison et à l'observation, et qui vise à acquérir un savoir précis du monde naturel et social. Elle se caractérise avant toute chose par l'*esprit critique,* à savoir l'engagement à soumettre ses assertions à la discussion publique, à en tester systématiquement la validité par l'observation ou l'expérience, et à réviser ou abandonner les théories qui ne résistent pas à cet examen ou à ces tests.

L'esprit critique a pour corollaire le *faillibilisme*, c'est-à-dire la conscience du fait que l'ensemble de notre savoir empirique est provisoire, incomplet et susceptible d'être révisé à la lumière de preuves nouvelles ou de nouveaux arguments. Il est néanmoins peu probable que les éléments les plus solidement établis du savoir scientifique soient entièrement abandonnés.

Il est important de noter à cet égard que les savoirs les mieux établis sont en général étayés par un réseau de preuves issues d'un grand nombre de sources indépendantes : ils ne reposent jamais sur une seule « expérience cruciale » ou sur une observation isolée. En outre, le progrès de la science consiste à relier ces savoirs dans un cadre unifié, de sorte que la biologie, par exemple, soit compatible avec la chimie, et la chimie avec la physique[44]. La philosophe Susan Haack a proposé une analogie éclairante entre la démarche scientifique et la solution d'un problème de mots croisés, où toute modification d'un mot implique une modification des mots qui le croisent. Le plus souvent, les changements restent limités, mais il peut arriver qu'ils imposent de remanier d'importantes sections de la grille[45,46].

---

44. Pour une bonne analyse de ce point, voir Weinberg (1992), en particulier les chapitres II et III.

45. Haack (1993, 1998, 2003). Évidemment, ces deux cas de figure correspondent respectivement aux notions de « science normale » et de « science révolutionnaire » avancées par l'historien de la science Thomas Kuhn (1970). Si cette partie de la théorie de Kuhn n'est pas vraiment controversée, il n'en va pas de même du reste, en particulier de la prétendue « incommensurabilité des paradigmes » qui a conduit nombre de ses disciples à un relativisme radical. Pour une critique des idées de Kuhn sur l'incommensurabilité, voir Maudlin (1996), Sokal et Bricmont (1997, p. 71-77).

46. Je renvoie à Sokal et Bricmont (1997, chapitre 3) et Bricmont et Sokal (Appendice B dans ce livre) pour plus de détails sur ma conception de la science et du savoir scientifique. Pour une excellente introduction aux débats contemporains en philosophie de la science, voir Brown (2001).

Je souligne que le terme « science », au sens où je l'emploie, ne se limite pas aux sciences de la *nature*, il inclut toute recherche visant à acquérir un savoir exact de phénomènes factuels se rapportant à *n'importe quel* aspect du monde en utilisant des méthodes rationnelles et empiriques analogues à celles des sciences de la nature[47]. La pratique de la « science » au sens où je l'entends est donc commune non seulement aux physiciens, aux chimistes et aux biologistes, mais aussi aux historiens, aux détectives, aux plombiers, et à tous les êtres humains dans certains aspects de leur vie quotidienne[48,49]. La même chose vaut pour le terme « pseudoscience » : elle peut avoir pour objet n'importe quel aspect du monde. La distinction entre science et pseudoscience ne concerne donc pas leur objet, mais bien plutôt la méthode employée et la fiabilité du savoir (ou du prétendu savoir) obtenu.

Plus précisément, j'utiliserai le terme *pseudoscience* pour désigner tout corpus d'idées, type d'arguments et communauté de pratiquants qui :

> a) porte sur des phénomènes réels ou allégués, ou des relations causales réelles ou alléguées, que la science moderne considère à raison comme invraisemblables, par exemple que l'esprit peut exercer un effet à distance sur un objet matériel ; et qui
>
> b) tente d'étayer ses affirmations sur des raisonnements ou des preuves qui sont loin de satisfaire aux critères de la science moderne en matière de logique et de validation.

---

47. Je souligne la limitation aux phénomènes *factuels*. J'exclus donc délibérément de mon champ d'étude les questions d'éthique, d'esthétique, de fins ultimes, etc.

48. L'allusion aux historiens et aux détectives est empruntée à Haack (1993, p. 137) : « Il n'existe aucune raison de penser que [la science] est en possession d'une méthode d'investigation particulière dont ne peuvent disposer les historiens, les détectives et le commun des mortels. » Voir également Haack (1998, p. 96-97 ; 2003, p. 18, 24, 95, 102 *et passim*).

49. Le fait que tous les êtres humains font de la science de temps à autre ne veut évidemment pas dire qu'ils la pratiquent aussi bien les uns que les autres, ni qu'ils la pratiquent tous aussi bien dans tous les domaines de leur vie. Voir par exemple plus bas, note 305.

Cette définition implique de prime d'abord que les pseudoscientifiques ne sont pas postmodernes : ils prétendent en effet que leurs assertions sur le monde naturel ou social sont objectivement *vraies*. On remarquera en outre que cette définition de la pseudoscience est à la fois sociologique et épistémologique : d'une part, la communauté scientifique doit rejeter les croyances en question comme radicalement invraisemblables ; d'autre part, ce rejet doit être rationnellement justifié à la lumière des preuves actuellement disponibles. Le plus souvent, ce rejet est fondé sur trois sortes de raisons :

> i) que les preuves avancées à l'appui des croyances en question sont fausses, frauduleuses, grossièrement mal interprétées ou présentent toute autre caractéristique qui les rend absolument irrecevables ;
>
> ii) que les croyances en question ont des conséquences empiriques qui sont en contradiction totale avec des données scientifiques bien établies ;
>
> iii) que ces croyances contredisent des théories scientifiques bien établies dans un domaine où il existe de bonnes raisons de croire à la validité de ces théories.

Le plus souvent, mais pas toujours, les pseudosciences

> c) prétendent être scientifiques, et même
>
> c') prétendent relier leurs assertions à la science véritable, en particulier aux découvertes scientifiques d'avant-garde.

De cette façon, les pseudosciences tentent de revêtir le manteau des sciences véritables dans le but évident de s'attirer une partie du respect épistémique que le grand public (à l'exception des postmodernes purs et durs) accorde généralement à la science. De plus, les pseudosciences présentent généralement *certaines* des caractéristiques logiques et sociologiques de la science authentique, ainsi :

> d) elles ne reposent pas sur une croyance isolée, mais constituent plutôt un système complexe et logiquement cohérent qui « explique » un grand nombre de phénomènes (ou de prétendus phénomènes) ;

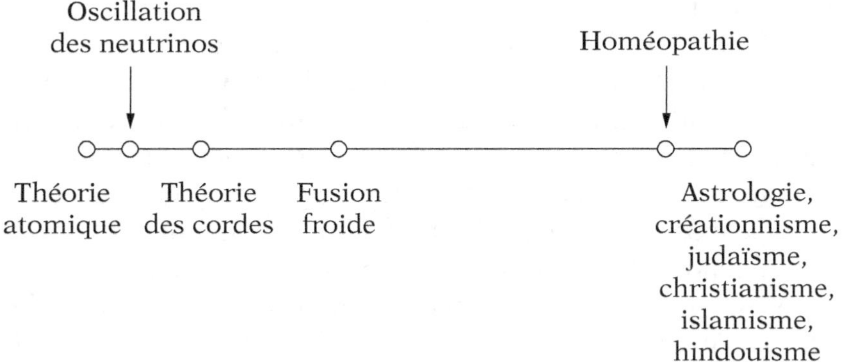

Figure 1. Représentation schématique du continuum qui va des sciences véritables aux pseudosciences, fondée sur la force des preuves empiriques et la solidité des méthodes respectives. Ce schéma doit être interprété de manière qualitative et non quantitative.

e) leurs praticiens sont soumis à un long processus de formation et d'accréditation[50].

Ce qui fait entièrement défaut à la pseudoscience, toutefois, c'est l'esprit critique et la base empirique solide qui caractérisent la science véritable[51]. Comme exemples de pseudo-

---

50. Soulignons que les points c), d) et e) sont des aspects *facultatifs* des pseudosciences telles que je les définis. Le point e), en particulier, tend à se vérifier pour les grandes mouvances de la pseudoscience, mais ne s'applique pas nécessairement à toutes les pseudosciences. Ainsi, Garrett Fagan m'a fait remarquer que la pseudo-archéologie est très souvent une démarche solitaire et non une discipline investie par des « écoles ».

51. De nombreux exemples de pseudosciences sont analysés dans les livres de Gardner (1957), Radner et Radner (1982), Broch (1992), Park (2000), Feder (2002) et Shermer (2002). Plusieurs de ces ouvrages décrivent les caractéristiques de la science et de la pseudoscience. À cet égard, les livres de Radner et Radner (1982, chapitre III) et Feder (2002, chapitre 2) sont particulièrement éclairants. Dans Feder (2002, chapitre 1), on trouve également ment des références utiles à des analyses critiques antérieures de divers types de pseudosciences.

sciences, on peut citer l'astrologie, l'homéopathie, la *creation science*, le judaïsme, le christianisme, l'islam et l'hindouisme[52].

Le fait que l'on peut distinguer (assez facilement dans la plupart des cas) la science véritable de la pseudoscience ne signifie évidemment pas qu'il soit possible d'établir une ligne de démarcation nette entre elles – et encore moins une démarcation fondée sur des critères rigides tels que ceux qu'a proposés le philosophe Karl Popper[53]. On devrait plutôt envisager un continuum (voir figure 1) commençant, d'un côté, par la science solidement établie (par exemple, l'idée que la matière est constituée d'atomes), passant par la science d'avant-garde (par exemple, l'oscillation des neutrinos) et la science pratiquée par de nombreux physiciens mais spéculative (par exemple, la théorie des cordes), puis, bien plus loin, la science controuvée (rayons N, fusion froide), et aboutissant, au terme d'un long périple, à la pseudoscience. S'il n'y a aucun endroit précis sur cette droite où situer une démarcation, il existe néanmoins une différence radicale entre les sciences de la nature établies et les pseudosciences en termes à la fois de méthode et de confirmation

---

52. Quant au judaïsme, christianisme, islam et hindouisme, je me réfère évidemment au corpus d'assertions factuelles sur le monde naturel et humain que comportent les doctrines traditionnelles de chacune de ces religions (ou de leurs variantes). Il va de soi que certains des adeptes de ces religions y adhèrent principalement pour des raisons éthiques, culturelles, sociales, familiales ou nostalgiques sans accepter aucun des aspects notables de la doctrine professée par leur religion concernant des questions prétendument factuelles. Pour une analyse plus approfondie de l'opposition méthodologique radicale entre la science et la religion, je renvoie à al-'Azm (1982), Bricmont (1999), Haack (2003, chapitre 10) et Kitcher (2005).

53. Les critères de démarcation de Popper se trouvent dans Popper (1959, 1989). Pour une critique des ces critères, voir Newton-Smith (1981), Kitcher (1982, p. 42-50), Laudan (1996, chapitre 11), Sokal et Bricmont (1997, p. 61-68), parmi bien d'autres.

empirique[54,55]. En fin de compte, le fait que la température est un continuum ne signifie pas pour autant que les mots « chaud » et « froid » n'ont pas de sens ou qu'il n'y a aucune différence entre l'eau bouillante et la glace !

Le terme « postmodernisme » est encore plus diffus : il recouvre une vague constellation d'idées dans des domaines qui s'étendent de l'art et de l'architecture aux sciences sociales et à la philosophie. Je propose d'employer ce terme dans un sens beaucoup plus restreint : il désignera ici un courant intellectuel caractérisé par :

---

54. Depuis l'échec des tentatives de Popper pour établir une démarcation nette entre la vraie science et la pseudoscience, les philosophes semblent avoir largement renoncé à élaborer et à évaluer des critères de distinction entre les deux. C'est regrettable, car, s'il est impossible d'établir une ligne de démarcation nette fondée sur des règles méthodologiques universelles, il est peut-être possible, en revanche, d'élaborer des critères qui, pris ensemble, pourraient aider à localiser les théories au sein du continuum représenté sur la figure 1 (ou, mieux encore, dans un schéma analogue mais à plusieurs dimensions). Ainsi, certains scientifiques ont proposé des critères de distinction entre la science établie et la science controuvée (Langmuir, 1989). Il me semble que les philosophes et les historiens des sciences pourraient jouer un rôle utile en examinant soigneusement les forces et les faiblesses de tels critères.

55. Noretta Koertge a eu l'amabilité d'attirer mon attention sur un article de Philip Kitcher (1984-1985) dans lequel l'auteur parvient aux mêmes conclusions. Parlant de l'écart entre des sciences véritables telles que la biologie de l'évolution et des pseudosciences telles que la « science de la création », Kitcher écrit (p. 170) : « Nous pouvons nous passer de critères de démarcation. [...] La question est celle de la localisation de diverses propositions au sein d'un continuum. En bref, il existe la science excellente, la science de qualité, la science médiocre, la science mauvaise, [et] la science lamentable. »

Susan Haack (2003, p. 116) adopte une position similaire : « [P]lutôt que critiquer un travail en le qualifiant de "pseudoscientifique", il est toujours préférable de préciser exactement en quoi il fait problème : qu'il ne s'agit pas d'une recherche honnête ou sérieuse, qu'il repose sur des hypothèses démunies de preuves satisfaisantes ou trop vagues pour être validées par les faits, qu'il a recours aux symboles mathématiques ou à des instruments d'apparence compliquée de manière purement décorative, etc. [...] [S]i l'on souhaite comprendre en quoi, d'un point de vue épistémologique, le créationnisme se distingue de la cosmologie physique ou de la biologie de l'évolution, on a tout intérêt à se concentrer directement sur les questions de preuves et de justifications au lieu de se perdre en débats pour déterminer si le créationnisme est de la mauvaise science ou n'est pas une science du tout. »

— le rejet plus ou moins explicite de la tradition rationaliste des Lumières ;

— des élaborations théoriques indépendantes de tout test empirique ;

— un relativisme cognitif et culturel qui traite les sciences comme des « narrations » ou des constructions sociales parmi d'autres[56].

Ainsi, les postmodernes rejettent l'idée que les assertions portant sur le monde naturel ou social puissent être objectivement, et donc transculturellement, vraies ou fausses ; ils soutiennent, par contre, que la vérité est toujours relative à un groupe social et culturel[57]. Souvent, le mot « vérité » se trouve redéfini par les postmodernes pour dénoter un simple accord, voire un compromis, entre les membres d'un même groupe social ou une utilité pratique en vue d'un objectif précis[58]. Ainsi, les postmodernes tendent à rejeter l'objectivité y compris en tant que simple idéal que l'on s'efforcerait d'atteindre (même de manière imparfaite). Chez eux, tout dépend du point de vue subjectif de chacun, et les valeurs morales ou esthétiques supplantent les valeurs cognitives en tant que critères d'évaluation des assertions factuelles.

Il me faut souligner que les auteurs que je qualifie de « postmodernes » ne s'y reconnaîtraient sans doute pas tous car il se peut qu'ils utilisent ce terme dans un sens différent de celui que je lui donne, ce qui est évidemment leur droit. Réciproquement, certains auteurs qui se qualifient de « postmodernes » peuvent ne pas l'être au sens où je l'entends[59].

---

56. Sokal et Bricmont (1997, p. 11).

57. Il arrive aussi que les postmodernes reconnaissent que des affirmations peuvent êtres objectivement vraies ou fausses, mais en insistant sur l'idée que les critères qui permettent de juger si une croyance est *rationnellement justifiée* (par rapport à une série de preuves données) sont profondément déterminés culturellement.

58. Pour une discussion plus détaillée des redéfinitions de la vérité, assortie d'exemples et d'une analyse critique, voir Bricmont et Sokal, Appendice B dans ce livre.

59. Voir par exemple Griffin (1988), qui défend un « postmodernisme positif » fondé sur le « réenchantement de la science » et qui affirme explicitement que l'objectif général de la science est de rechercher la vérité comprise comme correspondance avec la réalité. C'est pourquoi il n'est *pas* postmoderne au sens

Enfin, il convient de noter qu'il existe de nombreux courants différents au sein de ce que j'ai appelé le « postmodernisme » et qui n'interagissent que de façon mineure. Ainsi, certains postmodernes (selon ma définition) s'appuient fortement sur Derrida et Heidegger, d'autres davantage sur Foucault, d'autres encore sur la sociologie constructiviste des sciences (Barnes, Bloor, Collins, Latour...), d'autres sur le sous-groupe féministe-constructiviste (Haraway, Harding, Keller...) et d'autres enfin sur l'aile postcoloniale (Nandy, Alvares, Shiva, Sardar...).

Afin de donner une idée plus précise des conceptions que je qualifie ici de « postmodernes », voici quelques exemples. Considérons les assertions suivantes, formulées par des figures éminentes de la sociologie des sciences :

> [L]a validité des propositions théoriques dans les sciences n'est affectée en rien par des preuves factuelles[60].

> Le monde naturel joue un rôle mineur, voire inexistant dans la construction du savoir scientifique[61].

---

où j'ai défini ce terme ici. À mon avis, le programme de Griffin est compromis par une série d'erreurs grossières sur le contenu de la science moderne, qui l'ont conduit à accorder un crédit immérité à des théories fantaisistes telles que la télépathie et la voyance. Néanmoins, le relativisme ne fait pas partie de ses travers.

60. Gergen (1998, p. 37).

61. Collins (1981, p. 3). Il convient ici de faire deux réserves : premièrement, cette affirmation est présentée comme une partie de l'introduction de Collins à une série d'études (éditées par lui) ayant recours à l'approche relativiste et constitue son résumé de cette approche ; il ne donne pas explicitement son aval à cette position, même si le contexte semble suggérer une approbation implicite. Deuxièmement, même si Collins semble donner à cette assertion le sens d'une revendication empirique à propos de l'histoire de la science, il est possible qu'il ne l'entende ni comme une revendication empirique ni comme un principe normatif de l'épistémologie, mais plutôt comme une injonction méthodologique adressée à la sociologie des sciences, qui serait une incitation à agir *comme si* « le monde naturel [jouait] un rôle mineur, voire inexistant dans la construction du savoir scientifique » ou, en d'autres termes, à *ignorer* (mettre entre parenthèses) le rôle quel qu'il soit que le monde naturel joue effectivement dans la construction du savoir scientifique. Voir Bricmont et Sokal (2001, 2004b) pour une démonstration des graves insuffisances de cette approche *en tant que méthode* de la sociologie des sciences.

> Pour [nous autres] relativistes, l'idée selon laquelle certaines normes ou croyances sont réellement rationnelles et non uniquement acceptées comme telles localement n'a pas de sens[62].

> La science se légitime elle-même en reliant ses découvertes au pouvoir, une liaison qui *détermine* (et ne se contente pas d'influencer) ce qui est admis au rang de savoir fiable[63].

De telles assertions sont en contradiction évidente avec la conception de la science que j'ai avancée, à savoir une tentative faillible mais partiellement réussie d'obtenir une compréhension objective, bien qu'approximative et incomplète, de certains aspects du monde. Elles mettent en évidence, explicitement ou implicitement, le relativisme cognitif et le constructivisme social extrême qui caractérisent le courant intellectuel que j'appelle le « postmodernisme ».

Toutefois, des affirmations aussi explicites que celles-ci sont rares dans la littérature postmoderne. Il est bien plus fréquent d'en lire qui, quoique ambiguës, peuvent être interprétées (et le sont bien souvent) comme des insinuations suggérant ce que les citations qui précèdent formulent explicitement, à savoir que la science telle que je l'ai définie est une illusion et que son savoir prétendument objectif est en grande partie ou en totalité une construction sociale, comme les règles de politesse ou le protocole. Par exemple :

> En dépit de leur nom, les lois de conservation ne sont pas des faits incontournables de la nature, mais des constructions qui mettent en relief certaines expériences et en relèguent d'autres à l'arrière-plan. (...) Quasiment sans exception, les lois de conservation ont été formulées, développées et testées expérimentalement par des hommes. Si les lois de conservation ne représentent qu'une manière d'accentuation et non des faits attestés, alors ceux qui vivent dans des corps d'un type différent et qui s'identifient à d'autres représentations des sexes [*gender constructions*] pourraient fort bien parvenir à des modèles différents du régime d'écoulement [des fluides][64].

---

62. Barnes et Bloor (1981, p. 27), les termes entre crochets sont les miens.
63. Aronowitz (1988, p. 204), italique présent dans l'original.
64. Hayles (1992, p. 31-32).

> [C]ompte tenu de leur formation approfondie aux techniques
> mathématiques de haut niveau, la prépondérance des mathéma-
> tiques dans les représentations de la réalité formulées par les
> physiciens des particules n'est guère plus difficile à expliquer que
> l'attachement des groupes ethniques à leur langue maternelle.
> Selon la conception défendue dans ce chapitre, rien n'oblige qui-
> conque désirant élaborer une vision du monde à tenir compte de
> ce que la science du XXe siècle a à dire sur la question[65].

Je voudrais souligner encore une fois que les pseudoscientifiques ne sont pas, du moins initialement, des postmodernes : ils formulent des assertions sur le monde naturel
ou social dont ils revendiquent la vérité objective, et ce n'est
qu'avec une grande réticence qu'ils consentent à se rabattre
sur l'affirmation plutôt faible que leur « point de vue » est
« tout aussi valide » que celui des sciences modernes.
D'ailleurs, certains pseudoscientifiques sont farouchement
opposés au postmodernisme. Ainsi, il y a peu, le chef d'un
culte pseudoscientifique majeur a dénoncé

> les diverses formes d'agnosticisme et de relativisme qui ont
> conduit la recherche philosophique à s'égarer dans les sables
> mouvants d'un scepticisme général. Récemment, ont pris de
> l'importance certaines doctrines qui tendent à dévaloriser même
> les vérités que l'homme était certain d'avoir atteintes. La plura-
> lité légitime des positions a cédé le pas à un pluralisme indiffé-
> rencié, fondé sur l'affirmation que toutes les positions se valent :
> c'est là un des symptômes les plus répandus de la défiance à
> l'égard de la vérité que l'on peut observer dans le contexte actuel.
> Certaines conceptions de la vie qui viennent d'Orient n'échap-
> pent pas, elles non plus, à cette réserve ; selon elles, en effet, on
> refuse à la vérité son caractère exclusif en partant du présupposé
> qu'elle se manifeste d'une manière égale dans des doctrines dif-
> férentes, voire contradictoires entre elles[66].

Il demeure que certains pseudoscientifiques ont recours à
des arguments postmodernes, que ce soit par opportunisme

---

65. Pickering (1984, p. 413).
66. Jean-Paul II (1998). Voir également l'Appendice A, *infra*.

ou par conviction. J'en donnerai quelques exemples dans la suite de ce livre.

Je souligne d'emblée que je ne me soucierai pas ici d'expliquer en détail pourquoi l'astrologie, l'homéopathie et consorts sont des pseudosciences ; une telle entreprise me conduirait trop loin. Je n'aborderai pas non plus, sinon en passant, les problèmes essentiels mais difficiles de la fascination psychologique qu'exercent les pseudosciences et des facteurs sociaux qui déterminent leur diffusion[67]. Mon objectif principal est plutôt d'examiner la relation logique et sociologique entre les pseudosciences et le postmodernisme.

Il va sans dire qu'aucune de mes études de cas ne doit être considérée comme indépassable, bien au contraire. Je n'ai de compétence particulière dans aucune des disciplines abordées et j'ai bien pu commettre des erreurs. De plus, les analyses présentées ici ne prétendent nullement être exhaustives. Mon but est plutôt d'attirer l'attention de tous sur un phénomène qui mérite un examen et une analyse plus rigoureux et

---

67. On trouvera une réflexion perspicace sur la première question dans Levitt (1999, en particulier les pages 12-22 et le chapitre 4). La deuxième question est abordée indirectement par Burnham (1987) dans le cadre d'une passionnante histoire de la vulgarisation scientifique aux États-Unis aux XIXe et XXe siècles.

Pour ma part, j'ai été frappé par le fait que quasiment tous les systèmes pseudoscientifiques que l'on examinera dans ce livre sont fondés philosophiquement sur le *vitalisme*, c'est-à-dire l'idée selon laquelle les êtres vivants, tout particulièrement les êtres *humains*, sont dotés d'une qualité particulière (« l'énergie vitale », l'élan vital, le *prana*, le *qi*) qui transcende les lois ordinaires de la physique. La science moderne rejette le vitalisme au moins depuis les années 1930 pour une pléthore de bonnes raisons qui n'ont fait que se renforcer avec le temps (voir, par exemple, Mayr, 1982). Toutefois, seule une infime portion de la population comprend ces raisons, même dans les pays industrialisés où la science est théoriquement tenue en haute estime. De surcroît, ce qui est peut-être encore bien plus important, l'antivitalisme qui caractérise la science moderne a un effet psychologique profondément déstabilisant sur la plupart des gens (voire sur tous), même sur ceux qui ne sont pas religieux au sens conventionnel du terme. Sur ce point, je renvoie de nouveau à Levitt (1999). Il va de soi qu'aucune de ces hypothèses ne prétend à une quelconque rigueur scientifique ; elles nécessitent toutes un examen empirique approfondi de la part de psychologues et de sociologues.

plus détaillés. J'espère que des philosophes, des sociologues et des historiens des sciences sauront prendre le relais.

Pseudoscience et postmodernisme
dans la formation paramédicale

COMMENT UNE PETITE FILLE CONFOND
DES PSEUDOSCIENTIFIQUES

Le 1er avril 1998 au matin, les lecteurs du *New York Times* ont pu lire avec délectation un article en première page qui n'avait rien d'un poisson d'avril :

> Il y a deux ans, Emily Rosa, de Loveland, dans le Colorado, a conçu et réalisé une expérience qui met à mal l'une des méthodes de traitement majeur de la médecine non conventionnelle. Son étude, publiée aujourd'hui dans *The Journal of the American Medical Association*, a mis les milieux concernés en émoi.
>
> Emily a onze ans [elle en avait neuf à l'époque]. Elle a réalisé cette expérience en classe de CM1 pour le concours de sciences de son école[68].

La technique testée par Emily s'appelle le « toucher thérapeutique » – une dénomination légèrement inadéquate puisque les praticiens ne touchent pas réellement les patients. Ils déplacent leurs mains en cadence, à environ 5 à 15 centimètres au-dessus du corps du malade, dans le but de « rééquilibrer » le « champ énergétique humain » qui entoure d'après eux le patient[69].

---

68. Kolata (1998, p. A1).
69. Il existe une pléthore d'ouvrages consacrés au toucher thérapeutique, dus aussi bien à ses partisans qu'à ses détracteurs. Dans ma description du toucher thérapeutique et de ses prétendus fondements théoriques, je m'appuierai autant que possible sur les explications avancées par ses partisans. Voir par exemple Krieger (1979, 1981, 1987, 1993, 2002), Borelli et Heidt (1981), Macrae (1988), Kunz (1995, p. 211-288 et 307-326), Cowens et Monte (1996),

Emily a conçu une expérience simple destinée à vérifier si les praticiens du toucher thérapeutique ont réellement la faculté de percevoir le « champ énergétique humain » comme ils le prétendent. Assis face à face de part et d'autre d'une table, Emily et le praticien étaient séparés par un panneau opaque percé à sa base de deux ouvertures par lesquelles le praticien passait les mains. Une serviette de bain fixée au panneau recouvrait ses bras. Avant chaque série d'essais, ce dernier avait le temps de se concentrer ou d'effectuer toutes les préparations mentales qu'il estimait nécessaires. Après avoir tiré à pile ou face, Emily plaçait sa main droite à 8-10 centimètres au-dessus de l'une ou l'autre des mains du praticien selon le résultat du tirage. Puis ce dernier devait dire laquelle de ses mains était la plus proche de celle d'Emily, en disposant de tout le temps qu'il désirait pour donner sa réponse. Sur 280 essais effectués avec 21 praticiens du toucher thérapeutique, ces derniers ont réussi à désigner la main exacte dans 44 % des cas, un score légèrement plus mauvais que celui qu'on obtient en répondant au hasard[70].

Lorsque j'ai entendu parler pour la première fois de l'expérience d'Emily, j'ai admiré son ingéniosité, mais je me

Wager (1996), Fischer et Johnson (1999), Fontaine (2000, chapitre 13), Freeman et Lawlis (2001, chapitre 18) et Sayre-Adams et Wright (2001), pour ne citer qu'eux. Pour les ouvrages critiques, voir Rosa *et al.* (1998) et les autres ouvrages cités par eux, ainsi que les essais figurant dans Scheiber et Selby (2000).

70. On trouvera une description plus détaillée de l'expérience en question et de son analyse statistique dans Rosa *et al.* (1998). Évidemment, on peut critiquer certains aspects du protocole expérimental d'Emily : par exemple, les échantillons étaient peu importants ; les qualifications des praticiens testés n'étaient pas documentées ; la position des mains du praticien, paumes tournées vers le haut, est atypique dans la pratique du toucher thérapeutique ; et les contrôles étaient peut-être inadéquats. Cependant, on pourrait aisément remédier à tous ces défauts si un nombre suffisant de praticiens du toucher thérapeutique se portaient volontaires pour une nouvelle étude menée suivant un protocole établi en commun. Pour d'autres tests expérimentaux récents du toucher thérapeutique, voir Scheiber et Selby (2000, chapitres 13-22).

suis demandé si quelqu'un pouvait réellement prendre au sérieux le toucher thérapeutique. Comme j'avais tort ! La méthode du toucher thérapeutique est enseignée aux étudiants infirmiers dans plus de 80 écoles et universités d'au moins 70 pays, elle est pratiquée dans au moins 80 hôpitaux américains, et elle est soutenue par d'importantes associations américaines d'infirmières et d'infirmiers[71]. Celle qui l'a mise au point dit avoir formé plus de 47 000 praticiens en vingt-six ans, lesquels en ont formé bien d'autres à leur tour[72]. On a publié un minimum de 245 livres, mémoires ou thèses de doctorat comportant le terme « toucher thérapeutique » dans leur titre, comme sujet ou dans leur table des matières[73]. En résumé, le toucher thérapeutique semble être devenu l'une des techniques de soins « holistes » les plus pratiquées dans la profession infirmière.

Comment une profession fondée sur la science en est-elle venue à prôner le mysticisme et le charlatanisme ? L'histoire de cette dérive est plus complexe – et plus inquiétante – que je ne le pensais au premier abord[74].

---

71. Partisans et critiques du toucher thérapeutique se rejoignent sur ces données : parmi les partisans, voir notamment Krieger (1987, p. 8 ; 1993, p 5, 237 ; 2002, p. 12), Fontaine (2000, p. 221), Freeman et Lawlis (2001, p. 493) ; du côté des critiques, voir par exemple Rosa *et al.* (1998, p. 1005), Stahlman (2000, p. 37-39, 47-48), Glazer (2000b, p. 320). Toutefois, ces chiffres sont à prendre avec des pincettes, car, bien que leurs motivations soient différentes, tant les partisans que les détracteurs du toucher thérapeutique ont intérêt à exagérer son importance.

72. Kolata (1998, p. A20). Si ce chiffre est exact, il est tout à fait prodigieux. Même si la durée de la formation n'est que d'une semaine, il faudrait pour l'atteindre former un nouveau groupe de 35 étudiants chaque semaine et tenir ce rythme d'année en année pendant un quart de siècle ! Selon un manuel de médecine parallèle récent, « d'après les estimations actuelles, plus de 85 000 personnes auraient aujourd'hui appris le toucher thérapeutique » (Freeman et Lawlis, p. 493).

73. OCLC Worldcat, au 7 novembre 2003. http://newfirstsearch.oclc.org/

74. Cette étude sur la pseudoscience et le postmodernisme dans les soins infirmiers doit beaucoup aux travaux novateurs de la journaliste médicale Sarah Glazer (2000a, 2000b). J'ai apporté de nombreux détails et informations nouveaux, mais le fil conducteur de cette étude est celui de Sarah Glazer.

QU'EST-CE QUE LE TOUCHER THÉRAPEUTIQUE ?

> *Exercice pratique 5.* Cet exercice, « les habits de l'empereur », est destiné à tester votre perception des signaux dans le champ énergétique humain du patient. J'appelle le champ énergétique humain « les habits de l'empereur » parce que, à l'image des nouveaux habits de l'empereur dans la célèbre fable, le champ énergétique est invisible. Pour un observateur, le thérapeute effectuant une évaluation par toucher thérapeutique semble s'occuper de quelque chose d'invisible ou d'imaginaire.
>
> Dolores KRIEGER (1998, p. 77).

Le toucher thérapeutique a été inventé au début des années 1970 par Dolores Krieger[75], professeur de soins infirmiers à l'Université de New York, et Dora Kunz[76], célèbre médium qui devait bientôt devenir présidente de la Société théosophique américaine. Dolores Krieger explique :

Le toucher thérapeutique dérive de l'antique méthode de l'imposition des mains, mais ne se confond pas avec elle. [...] Le toucher thérapeutique n'a aucune base religieuse ; il s'agit d'un acte conscient et intentionnel, fondé sur des découvertes scientifiques ; et il ne requiert aucun acte de foi de la part du patient pour être efficace[77].

---

75. Krieger (1979, p. 4-13 ; 1981, p. 138-147) fournit une brève histoire du développement du toucher thérapeutique. Voir également Stahlman (2000) et Sarner (2002) pour une histoire plus détaillée écrite par des critiques de la méthode.

76. Kunz (1991, p. 5-6) se souvient : « Ma mère et ma grand-mère avaient des dons de voyance [...] Quant à moi, je suppose que j'ai commencé à en prendre conscience et à les développer à l'âge de six ou sept ans. »

La Société théosophique est une organisation mystico-religieuse fondée en 1875 par le célèbre médium Helena Petrovna Blavatsky et l'avocat Henry Steel Olcott. Pour une histoire du mouvement théosophique, voir Campbell (1980) ; on peut trouver des informations supplémentaires dans Carlson (1993) et Godwin (1994). Dora Kunz a été présidente de la branche américaine de la société de 1975 à 1987.

77. Krieger (1981, p. 138). Freeman et Lawlis (2001, p. 495) confirment que « ce processus ne nécessite pas la participation consciente du patient, et ses effets ne dépendent pas de la croyance du patient dans les vertus de l'intervention ».

Elle fait remarquer :

> Le terme *toucher thérapeutique* est peut-être inapproprié car, en pratique, le thérapeute n'entre pas forcément en contact physique avec le patient. Le travail effectué par la personne qui tient le rôle du thérapeute consiste principalement à moduler le champ énergétique du patient et n'implique pas un contact direct avec la peau[78].

Plus précisément :

> *La maladie est un déséquilibre du champ énergétique de l'individu.* Au cours d'une séance de toucher thérapeutique, le thérapeute dirige et module ce champ énergétique en utilisant le sens du toucher comme un télérécepteur [...]. Le thérapeute joue un rôle de soutien, son propre champ énergétique, parfaitement sain, fournissant l'outil nécessaire à la restructuration du flux énergétique affaibli et désorganisé du patient[79].

Une séance de toucher thérapeutique se déroule en cinq étapes :

1. le thérapeute concentre son énergie
2. il évalue l'état du patient
3. il élimine les congestions du champ énergétique
4. il réoriente et module l'énergie
5. il détermine le moment de finir la séance[80].

Si Dolores Krieger demeure vague sur la nature précise du « champ énergétique humain », elle insiste sur le fait qu'il n'est pas simplement de nature électromagnétique[81]. D'après elle,

> le champ énergétique humain [est] une structure complexe constituée de plusieurs champs qui s'interpénètrent de façon dynamique en une configuration propre à la nature humaine. Ce champ

---

78. Krieger (1993, p. 11), italique dans l'original.
79. Krieger (1993, p. 12-13), italique dans l'original.
80. Krieger (1979, p. 69).
81. Krieger (1987, p. 7). Évidemment, de nombreux processus biologiques déclenchent des champs électriques et magnétiques de faible intensité dans le corps ; mais ces champs décroissent rapidement en intensité à l'extérieur du corps et, en tout état de cause, ils ne sauraient être décelés ou affectés de manière significative par des mains humaines.

fonctionne comme un transformateur. Ces foyers convertissent les systèmes d'énergie, aussi appelés « prana », en des types d'énergie qui font de notre être psychophysiologique ce qu'il est. Les foyers ou transformateurs eux-mêmes sont des « chakras ». Leur fonction principale est de recueillir, de transformer et de redistribuer le *prana* dans les organes de notre corps. Ces foyers constituent la matrice du champ chimico-physique et du champ psychodynamique de l'individu et créent les conditions nécessaires au bon fonctionnement psychosomatique[82].

D'ailleurs, les champs énergétiques ne concernent pas seulement les êtres humains. En effet, Dolores Krieger invite le lecteur à

saisir chaque occasion d'accroître [sa] sensibilité au champ énergétique vivant. Si, pour une raison ou pour une autre, vous n'êtes pas en mesure de traiter des personnes, évaluez le champ énergétique de votre animal domestique, d'un arbre (surtout s'il s'agit de conifères ou d'eucalyptus qui irradient un immense champ énergétique compte tenu de leur taille), ou d'un massif de fleurs[83].

Bien qu'il ne soit pas encore possible d'évaluer le champ énergétique humain au moyen d'instruments de mesure, presque tout le monde peut le percevoir avec une certaine pratique[84] :

La plupart du temps, le ou les signaux que vous percevez dans le champ énergétique du patient durant l'évaluation sont l'un ou plusieurs des suivants :
• Des écarts de température, tels qu'une sensation de chaleur ou de froid.
• Une sensation de pression ou une sensation de stagnation dans le flux énergétique.
• Des changements dans le synchronisme (ou un manque de synchronisme) du biorythme intrinsèque du champ énergétique du patient.

---

82. Krieger (1987, p. 41).
83. Krieger (1993, p. 35).
84. Krieger (1979, p. 3, 57 ; 1993, p. 25).

• De légers chocs électriques ou des sensations de picotement localisés lors du déplacement des centres énergétiques de vos paumes à travers le champ énergétique du patient[85].

La pratique régulière du toucher thérapeutique développe d'ailleurs souvent des aptitudes dans d'autres facultés humaines naturelles telles que la télépathie[86] :

Dans leur carnet d'expérience, mes étudiants ont relevé des signes indiquant une utilisation de la télépathie en moyenne deux semaines et demie après avoir entamé une pratique régulière de ces techniques de soin[87].

Le traitement par toucher thérapeutique consiste donc à éliminer les « congestions » du champ énergétique du patient pour le « rééquilibrer » de manière à rétablir une circulation d'énergie plus naturelle, grâce à un transfert d'énergie dirigé du thérapeute vers le patient[88]. Voici comment un éminent défenseur du toucher thérapeutique explique le processus :

Dans un organisme en bonne santé, l'énergie vitale circule librement dans le corps, y pénètre, le traverse et en ressort d'une manière harmonieuse, nourrissant au passage tous ses organes. Dans la maladie, la circulation d'énergie est entravée, perturbée, ou appauvrie. Les praticiens du toucher thérapeutique, ayant appris à percevoir le champ d'énergie universel par le biais d'un effort conscient, guident l'énergie vitale vers l'intérieur du patient afin d'améliorer sa vitalité. Les praticiens aident également le patient à assimiler cette énergie en dénouant les points de congestion et en rééquilibrant les zones dans lesquelles la circulation d'énergie est perturbée. Comme les praticiens puisent dans le champ d'énergie universel, ils ne sont jamais vidés de la leur mais, au contraire, ils la renouvellent constamment[89].

---

85. Krieger (1993, p. 46).
86. Krieger (1979, p. 70-71 ; 1987, chapitre 5).
87. Krieger (1987, p. 78).
88. Krieger (1979, chapitre 7 ; 1998, chapitres 3 et 4).
89. Macrae (1988, p. 4).

Dolores Krieger fournit des détails « scientifiques » du mécanisme :

> Les êtres humains sont des systèmes ouverts. Ils constituent un point de connexion entre tous les champs dont participe le vivant. En d'autres termes, les êtres humains sont des matrices énergétiques de champs organiques comme de champs inorganiques, de champs psychodynamiques comme de champs conceptuels (l'électromagnétique n'est que l'une des interfaces de l'ensemble de la structure). C'est pourquoi les êtres humains sont extrêmement sensibles aux phénomènes ondulatoires (c'est-à-dire à l'énergie). Je conçois un thérapeute comme une personne dont le bon état de santé lui donne accès à un surplus de *prana* destiné au bien-être des autres. (Le *prana* est un terme sanskrit qui désigne ce que les Occidentaux se représentent comme l'organisation de l'énergie qui sous-tend les processus vitaux.) Le *prana* est lié à la rythmicité intrinsèque de l'énergie [...].
> J'ai réexaminé mes travaux antérieurs dans le domaine des sciences de la vie en les soumettant à la logique déductive. Il m'est apparu que, sur le plan physique, cette énergie humaine projetée au cours de l'acte thérapeutique se déposait dans la personne malade au moyen d'une résonance par transfert d'électron[90].

En tant que physicien, je ne suis guère convaincu. Il est vrai (et évident) que les êtres humains sont des systèmes ouverts, c'est-à-dire en interaction avec le monde qui les entoure. Le reste de cette citation est parfaitement absurde, en dépit du langage prétendument scientifique employé. Je signale à titre gracieux que les termes « phénomène ondulatoire » et « énergie » ne sont pas synonymes, et que l'énergie ne possède nullement une « rythmicité intrinsèque ». La « résonance par transfert d'électron » n'est, à ma connaissance, ni un terme de physique ni un terme de chimie.

---

90. Krieger (1987, p. 7), italique dans l'original. Voir également Krieger (1981, p. 143).

LE TOUCHER THÉRAPEUTIQUE EST-IL PRIS AU SÉRIEUX ?

Quel crédit accorde-t-on dans les milieux infirmiers professionnels au toucher thérapeutique et à d'autres modalités de guérison pseudoscientifiques ? Si je ne peux prétendre avoir étudié cette question en profondeur, j'aimerais néanmoins en présenter une brève illustration.

En 1999, l'American College of Nurse-Midwives (Institut américain des infirmières sages-femmes) a consacré un numéro spécial de son bulletin officiel, le *Journal of Nurse-Midwifery*, aux « thérapies parallèles et alternatives dans la santé féminine ». L'éditorial insistait beaucoup sur l'importance d'une pratique fondée sur des données probantes, notamment sur des études scientifiques sérieuses évaluant l'innocuité et l'efficacité des thérapies en question[91]. Fort heureusement, quelques-uns des articles se montraient à la hauteur des principes posés dans l'éditorial. L'un d'eux résume, avec la circonspection qui convient, les données actuellement disponibles concernant l'efficacité des thérapies parallèles et alternatives en insistant sur la nécessité de tests cliniques randomisés et, dans les cas où c'est possible, menés en double aveugle[92]. Un autre fournit des informations scientifiques sur l'efficacité et l'innocuité de diverses préparations à base de plantes supposées provoquer l'accouchement[93]. Un troisième commente une étude rétrospective qui visait à tester l'efficacité de l'huile de primevère dans la réduction de la durée de l'accouchement ou de la fréquence des accouchements après terme (les résultats sont négatifs[94]).

---

91. Raisler (1999, p. 190).
92. Murphy, Kronenberg et Wade (1999).
93. McFarlin, Gibson, O'Rear et Harman (1999).
94. Dove et Johnson (1999).

Hormis ces trois-là, le niveau des autres articles est tout simplement consternant. Deux articles présentent la doctrine de l'homéopathie[95] comme un fait établi, sans la soumettre à la moindre analyse critique[96]. S'ils reconnaissent que « le mécanisme qui permettrait d'expliquer *comment* l'homéopathie fonctionne n'a pas été découvert[97] », l'un et l'autre considèrent comme acquis non seulement l'efficacité des remèdes homéopathiques au-delà de leur effet placebo, mais aussi la validité de certains dogmes de l'homéopathie comme la force vitale, le principe de similitude et le principe de dynamisation. L'un d'eux pose, sans émettre la moindre réserve, que « l'homéopathie est un système de traitement efficace et scientifique [...]. Les principes homéopathiques constituent une hypothèse unifiée dont la validité est empiriquement avérée : les patients guéris confirment l'hypothèse[98] ». Le compte rendu d'un livre consacré à « l'homéopathie pour les sages-femmes » dans

---

95. L'homéopathie a été mise au point par Samuel Hahnemann (1755-1843), et, depuis son invention, ses principes fondamentaux sont demeurés largement inchangés en dépit du progrès radical de nos connaissances en physique, en chimie et en biologie qui minent complètement sa prétendue base scientifique. Ses principes de base sont la prétendue loi de similitude, ou « le même soigne le même » (c'est-à-dire l'affirmation qu'une maladie peut être soignée par des petites doses d'une substance qui, à des doses plus élevées, produit des symptômes semblables à la maladie elle-même) ; la supposée loi de dynamisation, c'est-à-dire l'affirmation que des remèdes homéopathiques deviennent plus *forts* à chaque dilution successive, pourvu qu'ils soient bien agités (« secoués ») ; et une théorie vitaliste de la biologie qui soutient que les êtres vivants sont dotés d'une qualité spéciale (« force vitale ») qui transcende les lois ordinaires de la physique.

Il est important de souligner que l'homéopathie n'est pas une espèce de médecine par les plantes. Les plantes contiennent une grande variété de substances dont certaines peuvent être biologiquement actives (avec des conséquences soit bénéfiques, soit maléfiques selon la situation). Les remèdes homéopathiques, par contraste, sont purement de l'eau et de l'amidon : le prétendu « ingrédient actif » est tellement dilué que, dans la plupart des cas, il ne subsiste pas la moindre ni une seule molécule dans le produit final.

96. Castro (1999) et Brennan (1999).

97. Brennan (1999, p. 292), italique dans l'original.

98. Castro (1999, p. 280).

le même numéro est tout aussi exempt de commentaires critiques[99].

Un autre article examine la théorie et la pratique du toucher thérapeutique. Il s'ouvre sur une présentation non critique du concept de « champ énergétique humain » selon Dora Kunz et Dolores Krieger, qu'il définit comme « un champ lumineux ovoïde multicolore qui pénètre et entoure le corps physique et se déploie autour de lui dans un rayon d'environ 30 à 45 centimètres ». Puis il introduit la théorie des « êtres humains unitaires » de Martha Rogers, « qui incorpore la théorie générale des systèmes de Bertalanffy ainsi que la physique quantique[100] ». En sa faveur, l'article a le mérite d'aborder certaines études critiques sur la question, notamment la célèbre expérience d'Emily Rosa. Les auteurs « félicitent mademoiselle Rosa pour avoir tenté de réaliser une expérience visant à détecter les champs énergétiques », mais ils affirment que « la seule conclusion raisonnable que les données issues de cette expérience peuvent permettre d'établir est qu'un petit groupe de praticiens du toucher thérapeutique n'a pas été en mesure de détecter un champ énergétique autour de la main d'un individu[101] ». Ils poursuivent en citant deux études « qualitatives » qui tiennent la validité du toucher thérapeutique pour acquise et citent les propos de patients ayant « ressenti » leur propre champ énergétique[102], mais n'évoquent jamais aucune preuve concrète attestant que les « champs énergétiques humains » existent réellement ou que les praticiens du toucher thérapeutique ont la faculté de les percevoir. Néanmoins, ils affirment sans réserve leur conviction que

---

99. Krov (1999).
100. Fischer et Johnson (1999, p. 301, 302).
101. Fischer et Johnson (1999, p. 304).
102. Pour une critique accablante de l'une de ces deux études, consacrée aux « expériences vécues d'enfants ayant perçu le champ énergétique humain », voir Glazer (2000, p. 331-332).

des preuves plus concluantes seront apportées par l'examen du processus que suppose le toucher thérapeutique, c'est-à-dire de l'intentionnalité qu'implique le désir conscient d'aider ou de soigner quelqu'un. Toutefois, de telles preuves risquent de nous échapper tout autant que celles qui permettraient d'établir que la prière provoque la guérison. À l'appui d'une approche plus spirituelle de la question du transfert d'énergie, Zefron a cité un scientifique anonyme : « [...] nous sommes arrivés à la conclusion que l'existence d'une vibration de très forte intensité et d'une longueur d'onde extrêmement courte dotée de vertus thérapeutiques prodigieuses, due à des forces spirituelles opérant à travers l'esprit humain, est la prochaine découverte que la science s'attend à réaliser. » C'est sans doute l'aspect spirituel de cet échange d'énergie qui persiste à nous échapper[103].

LA SCIENCE DES ÊTRES HUMAINS UNITAIRES

Lorsqu'on recherche les précurseurs intellectuels de la pseudoscience dans les soins infirmiers, on tombe bientôt sur les travaux de Martha E. Rogers (1914-1994), professeur et directrice du département de soins infirmiers à l'Université de New York de 1954 à 1975[104]. Dans son livre *An Introduction to the Theoretical Basis of Nursing*, paru en 1970, Martha Rogers a créé à elle seule « une science totalement inconnue auparavant », comme l'a modestement formulé l'un de ses disciples[105]. Voici comment la fondatrice de la

---

103. Fischer et Johnson (1999, p. 306-307). Il est évident que ce que prétend ce « scientifique anonyme » est absurde.

104. L'ouvrage de Malinski, Barrett et Phillips (1994) est une biographie fort utile de Martha Rogers éditée par ses disciples, qui comporte également de longs extraits de ses écrits et une série de courts articles « saluant » ses contributions aux soins infirmiers et à la science.

105. Phillips (1994a, p. vii). Rogers est non seulement la « [Florence] Nightingale du XXe siècle » (Fitzpatrick 1994, p. 322), mais aussi « une figure majeure du développement de la science contemporaine » dont les « contributions considérables à la science en général » s'étendent bien au-delà des soins infirmiers (Phillips 1994b, p. 330, 335). Les enseignements de Rogers devraient même « révolutionner l'ensemble de nos conceptions de l'univers, à la manière de la théorie de la relativité d'Einstein » (Phillips, 1997, p. 18).

« Science des Êtres Humains Unitaires » expliquait son système en 1986 :

> Le système que nous proposons repose sur quatre concepts fondamentaux : les champs d'énergie, l'ouverture, le *pattern* et la quadridimensionnalité. Ces concepts sont définis conformément à leur sens dans le langage courant et précisés en fonction des spécificités du système conceptuel que nous exposons.
>
> Nous postulons que les champs d'énergie constituent l'unité fondamentale tant du vivant que du non-vivant. Le *champ* est un concept unificateur. L'*énergie* désigne la nature dynamique du champ. Les *champs d'énergie* sont infinis. Nous identifions deux champs d'énergie : le champ humain et le champ environnemental. Plus précisément, les êtres humains et l'environnement *sont* des champs d'énergie[106].

Après avoir rapidement appelé à la rescousse la relativité, la théorie quantique, les probabilités, la théorie de l'évolution et l'exploration de l'espace afin d'étayer la conclusion selon laquelle « le modèle d'un système clos, entropique de l'univers » n'est plus défendable, Rogers passe à l'explication de ses trois derniers concepts fondamentaux :

> Dans un univers de systèmes ouverts, la causalité n'est pas un choix envisageable. [...] Les champs d'énergie sont ouverts – non pas un peu ou de temps en temps, mais en permanence. Les champs humain et environnemental sont inhérents l'un à l'autre. La causalité n'est pas valable. Le changement est perpétuellement novateur.
>
> Le *pattern* désigne la caractéristique distinctive d'un champ d'énergie perçu comme une onde unique. [...]
>
> La quadridimensionnalité caractérise les champs humain et environnemental. Elle est définie comme un domaine non linéaire dépourvu d'attributs spatiaux ou temporels. Nous postulons que l'ensemble de la réalité est doté de quatre dimensions[107].

---

106. Rogers (1986, p. 4), italique dans l'original, reproduit dans Malinski, Barrett et Phillips (1994, p. 234).
107. Rogers (1986, p. 5), italique dans l'original, reproduit dans Malinski, Barrett et Phillips (1994, p. 234).

Un lecteur peu charitable (tel que moi-même) objecterait sans doute que ce verbiage pseudoscientifique n'a pas le moindre sens. Les termes « énergie » et « champ » ont tout deux un sens précis (et non métaphorique !) en physique, mais le terme « champ énergétique », concept clé des écrits de Rogers, n'en a aucun. Évidemment, Rogers et ses disciples pourraient objecter qu'ils n'ont pas l'intention de donner à ces termes leur signification traditionnelle en physique, mais d'en donner leur propre définition, ce qui, en théorie, est parfaitement acceptable. Le problème, c'est que les prétendues « définitions » de Rogers sont aussi dénuées de sens que les termes qu'elles sont censées clarifier. Ainsi, Rogers dit que « la quadridimensionnalité [...] est définie comme un domaine non linéaire dépourvu d'attributs spatiaux ou temporels ». Toutefois, elle n'explique nulle part ce qu'elle entend ici par « domaine » (et encore moins ce que signifie un « domaine dépourvu d'attributs spatiaux ou temporels »). En outre, l'adjectif mathématique « non linéaire » n'a pas de sens dans ce contexte. Chaque définition de Rogers souffre de la même imprécision fatale[108]. Mais Martha Rogers n'a pas dit son dernier mot :

> Les définitions gagnent en clarté et en précision à mesure que le système conceptuel se met en place. L'être humain unitaire (le champ humain) est défini comme un champ d'énergie irréductible, à quatre dimensions, identifié par son *pattern* et manifestant des caractéristiques différentes de celles de ses parties et qui ne peuvent en être déduites. Le champ environnemental est défini comme un champ d'énergie irréductible, à quatre dimensions, identifié par son *pattern* et manifestant des caractéristiques différentes de celles de ses parties. Chaque champ environnemental est spécifique au champ humain qui lui correspond. Les deux champs évoluent continuellement, mutuellement, et de manière créative. Les champs humain et environnemental sont infinis et inhérents l'un à l'autre[109].

---

108. Voir également Raskin (2000, p. 34), qui procède à une dissection méthodique de la pseudoscience rogerienne.
109. Rogers (1986, p. 5), reproduit dans Malinski, Barrett et Phillips (1994, p. 235).

Riches de ces éclaircissements, nous voici parés pour nous lancer des concepts vers les principes :

Les principes unificateurs et les généralisations hypothétiques dérivent du système conceptuel. Les principes de l'homéodynamique sont au nombre de trois et constituent un postulat sur la nature et la direction du changement. Ces principes sont formulés comme suit :

Principes de l'homéodynamique

Principe de résonance	Le changement continu, d'une basse à une haute fréquence, des *patterns* d'onde dans les champs humain et environnemental.
Principe d'hélicie	La diversité continue, innovatrice, probabiliste et croissante des *patterns* des champs humain et environnemental caractérisés par des rythmicités non répétées.
Principe d'intégralité	Le processus continu et mutuel des champs humain et environnemental[110].

Au cours des années qui ont suivi, Rogers n'a cessé d'apporter des améliorations à son système, remplaçant la « quadridimensionnalité » par la « multidimensionnalité », puis la « pandimensionnalité », et renonçant à la « probabilité » au profit de l'« imprévisibilité[111] ».

La Science des Êtres Humains Unitaires a formulé de nombreuses prédictions, vérifiables empiriquement, par exemple :

Le principe d'hélicie subsume les principes de réciprocité et de synchronie, et postule d'autres dimensions explicatives et prédictives pour la théorie des soins infirmiers. Le principe d'hélicie indique que le processus de vie évolue de manière unidirectionnelle en stades séquentiels le long d'une courbe dont la forme

---

110. Rogers (1986, p. 5-6), reproduit dans Malinski, Barrett et Phillips (1994, p. 235).
111. Rogers (1990, 1992). Malinski (1994) fournit une bonne vue d'ensemble de l'évolution de la « Science des êtres humains unitaires » de Rogers. Voir également Malinski (1986, p. xiii-xix).

demeure globalement la même sur toute sa longueur, mais qui n'est pas située dans un plan. Ce principe englobe les concepts de rythmicité, d'émergence évolutive néguentropique et la nature unitaire du rapport homme-environnement.
[...]
Le principe d'hélicie [...] peut être résumé par la formule qui suit :

$$H = f\,S\text{-}T_1\,(M_1 \rightleftarrows E_1)\,i\, f\,S\text{-}T_2\,(M_2 \rightleftarrows E_2)\,i -f\,S\text{-}T_n\,(M_n \rightleftarrows E_n)$$

dans laquelle H représente l'hélicie
     représente la spirale de la vie
  i représente l'innovation.

Elle peut être lue comme suit : « L'hélicie est une fonction du changement innovateur perpétuel issu de l'interaction mutuelle de l'homme et de l'environnement le long d'un axe longitudinal en spirale se déployant au sein de l'espace-temps[112]. »

Bien entendu, l'« équation » de Rogers n'a aucun sens mathématique. L'utilisation de symboles ressemblant aux yeux du profane à ceux d'une équation mathématique n'est rien d'autre qu'une tentative grossière de donner un vernis « scientifique » à ses idées. En fait, cette « équation » n'ajoute rien à sa « traduction » verbale qui, hélas, est également dénuée de toute signification scientifique, voire de tout sens.

Voici d'autres prédictions empiriques :

La voyance, par exemple, est rationnelle au sein d'un champ humain à quatre dimensions en interaction constante, mutuelle et simultanée avec un champ environnemental à quatre dimensions. Il en va de même de la psychométrie, du toucher thérapeutique, de la télépathie, et d'un grand nombre d'autres phénomènes. Au sein de ce système conceptuel, de tels comportements deviennent « normaux » plutôt que « paranormaux[113] ».

---

112. Rogers (1970, p. 99-101), reproduit dans Malinski, Barrett et Phillips (1994, p. 217-218).
113. Rogers (1980, p. 335), reproduit dans Malinski, Barrett et Phillips (1994, p. 230).

Ou encore :

> Les rythmes humains et environnementaux trouvent leur expression dans les rythmicités du processus de vie et de mort. Le vieillissement étant considéré comme un processus relevant du développement, nous formons l'hypothèse que la mort en relève également. La nature du processus de mort et des phénomènes *post mortem* a suscité beaucoup d'intérêt ces dernières années dans le grand public et dans les milieux professionnels. [...] Le système conceptuel exposé ici fournit une nouvelle approche pour l'étude du processus de mort. La nature et la continuité de la configuration des champs telle qu'elle se poursuit après la mort, bien qu'il s'agisse d'un domaine difficile à étudier, sont ouvertes à l'investigation théorique[114].

Que doit penser le lecteur rationnel de la « Science des êtres humains unitaires » ? D'un point de vue logique ou empirique, un seul mot semble convenir : délirant. D'un point de vue stylistique, le charabia de Rogers se situe peut-être un cran ou deux au-dessus du laïus New Age habituel, mais il demeure bien inférieur au charlatanisme élaboré que produisent les virtuoses du genre que nous avons épinglés dans les *Impostures intellectuelles*[115].

Et pourtant, Martha Rogers a su réunir autour d'elle une secte de disciples dévoués qui ont édité de nombreux livres consacrés à ses travaux : *Explorations of Martha Rogers' Science of Unitary Human Beings*, *Visions of Rogers' Science-Based Nursing*, *Rogers' Scientific Art of Nursing Practice*, ou encore *Patterns of Rogerian Knowing*[116]. L'œuvre « visionnaire » de Rogers demeure vivante grâce à la *Society of Rogerian Scholars* (Société d'études rogeriennes), qui

---

114. Rogers (1986, p. 8), reproduit dans Malinski, Barrett et Phillips (1994, p. 237).
115. Voir par exemple Sokal et Bricmont (1997, chapitres 2, 3, 9 et 10).
116. Malinski (1986), Barrett (1990), Madrid et Barrett (1994), Madrid (1997). Voir également Rogers, Malinski et Young (1985), Sarter (1988), Lutjens (1991), Barrett et Malinski (1994).

publie un bulletin quadrimestriel, *Rogerian Nursing Science News*, et une revue annuelle : *Visions, The Journal of Rogerian Nursing Science.*

Mais le plus grave, c'est que l'influence des idées de Rogers dépasse désormais de loin la sphère de ses disciples immédiats, en s'étendant aux milieux plus réputés de la profession infirmière. Les manuels théoriques de soins infirmiers comportent souvent un chapitre qui présente avec le plus grand sérieux la « Science des êtres humains unitaires[117] ». Les travaux de Rogers sont fréquemment évoqués dans les ouvrages de soins infirmiers. Ainsi, son livre *An Introduction to the Theoretical Basis of Nursing* a été cité 289 fois depuis sa publication en 1970[118]. Des étudiants ont élargi et appliqué son système dans leurs recherches : les termes « Martha Rogers » ou « la Science des êtres humains unitaires » figurent dans le titre ou le résumé d'au moins 91 mémoires (74 doctorats et 17 maîtrises) écrits entre 1977

---

117. Par exemple : Riehl-Sisca (1989), McQuiston et Webb (1995), Meleis (1997), Fawcett (2000), Young, Taylor et Renpenning (2001), George (2002), Marriner-Tomey et Alligood (2002), Alligood et Marriner-Tomey (2002). Soulignons que la Science des êtres humains unitaires de Martha Rogers est loin d'être la seule théorie pseudoscientifique devenue célèbre au sein du corps infirmier. Comme le fait remarquer un partisan des « modes de traitement alternatifs et paralèles » :

> plusieurs théories des soins infirmiers comportent les concepts de « champ d'énergie humain » et de « champ d'énergie environnemental », en particulier la théorie des êtres humains unitaires de Martha Rogers, la théorie de la conscience en expansion (*Theory of Expanding Consciousness)* de Newman et la théorie de l'être humain en devenir (*Theory of Human Becoming*) de Parse. Tous les modes de traitement fondés sur l'énergie sont congruents avec ces théories. Tandis que le toucher thérapeutique est une méthode inventée et mise au point par des infirmiers, d'autres modes de traitement fondés sur l'énergie, tels que le reiki et les techniques de toucher curatif (*Healing Touch*), sont largement utilisés et enseignés aux non-professionnels (Frisch, 2001).

En fait, la plupart des manuels cités plus haut comportent également des chapitres consacrés aux théories de Newman et de Parse.

118. Science Citation Index et Social Science Citation Index mis ensemble, au 7 novembre 2003. http://isi4.isiknowledge.com/

et 2002[119]. Enfin, en 1996, à peine deux ans après sa mort, Martha Rogers a fait son entrée dans le panthéon de l'American Nurses Association, la plus grande association infirmière professionnelle des États-Unis. Voici le début et la fin du texte qui lui est consacré :

> Célèbre pour sa découverte de la Science des êtres humains unitaires, Martha E. Rogers a posé le cadre théorique d'un champ d'étude et de recherche nouveau, et influencé le développement d'un grand nombre de thérapies, notamment celui du toucher thérapeutique. [...]
> Adepte de l'étude scientifique rigoureuse, Rogers a écrit trois ouvrages qui ont enrichi l'apprentissage pratique et influencé les recherches d'innombrables étudiants infirmiers : *Educational Revolution in Nursing* (1961), *Reveille in Nursing* (1964), et *An Introduction to the Theoretical Basis of Nursing* (1970) qui présente les quatre principes rogeriens de l'homéodynamique. Après son départ à la retraite en 1975, Martha Rogers a continué d'enseigner à l'Université de New York, elle a donné des conférences dans de nombreux congrès scientifiques dans le monde entier, et elle n'a cessé de poursuivre ses recherches afin d'affiner son système conceptuel. [...] Elle a été récompensée par de nombreux prix et on lui a maintes fois rendu hommage pour ses nombreuses contributions aux soins infirmiers et à la science[120].

DES SOINS POSTMODERNES ?

Je me propose maintenant d'analyser les textes pseudo-scientifiques de soins infirmiers afin d'en extraire les prémisses épistémologiques, implicites la plupart du temps. Par quels moyens l'être humain peut-il, selon ces théoriciens, parvenir à une connaissance fiable du monde qui l'entoure ? Je m'attacherai tout particulièrement à l'évaluation du

---

119. Dissertations Abstracts, au 6 novembre 2003. http://wwwlib.umi.com/dissertations/. Il est probable que beaucoup de mémoires de maîtrise ne figurent pas dans cette base de données.
120. Le texte complet de l'inscription est disponible sur http://nursingworld.org/hof/rogeme.htm (consulté le 12 janvier 2004).

recours aux arguments postmodernes chez les tenants de ces pseudosciences. Dans la section suivante, je me concentrerai sur ceux qui revendiquent l'influence des postmodernes et je tenterai de déterminer, réciproquement, dans quelle mesure ces derniers ont apporté leur soutien aux pseudosciences.

Les ouvrages consacrés aux « techniques de soins parallèles et alternatifs » foisonnent de comparaisons entre la médecine scientifique traditionnelle – que leurs auteurs dénoncent comme mécaniste, réductionniste et inhumaine – et le paradigme vivant des médecines « holistes[121] ». Par exemple :

> La médecine biomédicale, ou occidentale [...] est fondée sur les préceptes philosophiques de René Descartes (1596-1650), qui postulait que l'âme et le corps sont séparés, et sur les principes de la physique posés par sir Isaac Newton (1642-1727), selon lequel l'univers est comparable à une grande horloge mécanique dans laquelle tout se déroule selon un modèle linéaire et séquentiel. Le point de vue mécaniste de la médecine conçoit le corps humain comme une série de pièces détachées. C'est une approche réductionniste, qui transforme la personne en composants toujours plus petits : systèmes, organes, cellules, substances biochimiques. Les personnes sont réduites à des patients, les patients à des corps, et les corps à des machines[122].

Évidemment, ce raisonnement est simpliste, c'est le moins qu'on puisse dire. D'abord, la physique newtonienne est parfaitement capable de décrire des systèmes interactifs complexes sans que tout « s'y déroule selon un modèle linéaire et séquentiel » (quel que soit d'ailleurs le sens de cette formule). L'allusion à Descartes est également peu judicieuse. Si la science moderne se caractérise par une vision du monde particulière, ce n'est certainement pas par le dualisme cartésien, mais plutôt par le monisme matérialiste, c'est-à-dire « l'idée qu'il n'existe essentiellement qu'un seul type de "réalité", un seul type d'existence matérielle, régie par une série

---

121. On trouvera une présentation judicieuse et mesurée des techniques de soins « holistes » dans Williams (1985).
122. Fontaine (2000, p. 4-5).

de lois uniques et invariables ou, si l'on préfère, par une série de régularités », et, en particulier, que l'esprit « doit être compris comme une fonction physique d'un corps physique ». Il serait plus juste de considérer la philosophie de Descartes comme une impasse dans l'histoire des sciences, « une tentative tardive, postmédiévale, de sauver le monde des idées du monisme vers lequel il semblait se diriger[123] ». Hélas, il est peu probable que cette précision rende les partisans du « holisme » moins hostiles à la science moderne.

D'ailleurs, le réductionnisme scientifique – c'est-à-dire le précepte qu'il n'existe aucun principe de la chimie ou de la biologie qui soit autonome, qui ne s'enracine en dernière instance dans la physique – n'implique nullement le réductionnisme méthodologique dans l'investigation du monde. Cette dernière méthodologie peut fort bien être adaptée à l'étude de certains phénomènes et ne pas convenir à d'autres[124]. Enfin, la science n'enjoint en aucune façon les médecins à ignorer les besoins émotionnels des patients ou à les traiter comme s'ils étaient seulement des « corps » ou des « machines ». C'est là un comportement qu'on a plus de chances de rencontrer dans les compagnies d'assurances.

Les partisans des « thérapies holistes » reprochent également à la science moderne d'ignorer les preuves supposées avérées et solides en faveur de l'homéopathie, du toucher thérapeutique, de la télépathie, de la guérison par la prière, et d'autres phénomènes qui ne cadrent pas avec sa vision du monde. Par exemple :

> Lorsqu'on constate que des thérapies comme l'acupuncture ou l'homéopathie entraînent une réaction psychologique ou clinique qui ne peut être expliquée par le modèle biomédical, beaucoup tentent de nier les résultats plutôt que de modifier le modèle scientifique [...]. Si l'on persiste à se borner aux cinq sens, on ne

---

123. Ces citations proviennent de Levitt (1999, p. 19).
124. Pour une explication claire de ce point, voir Weinberg (1992, chapitre III ; 1995).

parviendra jamais à comprendre les champs énergétiques humains, les champs électromagnétiques, le pouvoir de la pensée en tant que forme d'énergie ou le pouvoir de guérison de la prière[125].

Il est important de souligner que ces critiques, bien que radicales et globales, visent le *contenu* de la science moderne, non son épistémologie ou sa méthodologie. En effet, les défenseurs des « thérapies holistes » plaident souvent leur cause avec des arguments scientifiques d'une forme parfaitement traditionnelle : expériences, observations, tests cliniques, déductions effectuées à partir de théories déjà admises, et ainsi de suite. Les prétendues preuves empiriques sont le plus souvent d'une faiblesse désarmante, les raisonnements qui les articulent sont très peu convaincants et encore moins précis ; c'est pourquoi une grande partie de cette littérature peut à juste titre être qualifiée de « pseudo-scientifique ». Mais elle n'en est pas pour autant – du moins pas encore – postmoderne.

D'ailleurs, malgré leur dénonciation de la science moderne dénuée d'âme, les théoriciens holistes n'hésitent pas à se draper dans le manteau de la science :

> Einstein a dit que toute matière est énergie, que l'énergie et la matière sont interchangeables, et que l'ensemble de la matière est relié par des interconnexions subatomiques. Nulle partie ne peut être affectée sans que toutes celles qui sont connectées avec elle ne le soient aussi. Dans cette perspective, l'univers n'est pas une horloge géante mais un réseau vivant. Le corps humain est animé par une énergie propre appelée *force vitale*. La force vitale nourrit le corps physique mais c'est également une entité spirituelle reliée à un être supérieur ou à une source d'énergie infinie[126].

La première phrase de cette citation est un résumé relativement exact, bien qu'incroyablement superficiel, de certains aspects de la relativité (le caractère interchangeable de

---

125. Fontaine (2000, p. 12).
126. Fontaine (2000, p. 6), italique dans l'original.

l'énergie et de la matière) et de la mécanique quantique (l'interconnexion, dans une certaine mesure et dans un certain sens). Néanmoins, qualifier l'univers de « réseau vivant » relève de la pure métaphore. Quant aux deux dernières phrases, elles sont sans rapport avec les précédentes. Il va sans dire qu'aucun élément de la physique moderne ne permet de valider le concept de « force vitale ». Le pauvre Albert doit se retourner dans sa tombe !

> Selon les bouddhistes tibétains [...] la pensée est infiniment puissante et domine la matière. La physique quantique accorde de plus en plus de crédit à cette idée, dans la mesure où une énergie infinie peut être un attribut d'une onde de vibration infiniment courte – ainsi, attribuer une énergie à des processus de pensée contribue à faire progresser les connaissances des interactions entre l'esprit et le corps[127].

Navrant ! Il va sans dire que la physique quantique ne prête pas le moindre crédit à ces idées bizarres.

L'argument tarte à la crème de la physique moderne légitimant la médecine New Age réapparaît sous une forme bien plus élaborée chez Larry Dossey, rédacteur en chef de la revue *Alternative Therapies in Health and Medicine* et auteur de nombreux best-sellers sur la santé et la spiritualité. Il évoque régulièrement la mécanique quantique pour affirmer que l'esprit est « non local » et, donc, capable de télépathie, de prophétie, et de guérison à distance par la prière[128]. Cette

---

127. Watson (1999, p. 106). L'auteur est professeur de classe exceptionnelle de soins infirmiers au *Health Sciences Center* de l'Université du Colorado et ancienne présidente de la National League for Nursing.

128. Dans ses premiers travaux (1982, p. 98-101, 122-134, 146–150, 194-196, 208-209, 233-234), Dossey a recours à la physique quantique, ou plutôt à l'interprétation extrêmement controversée qu'en ont donnée certains physiciens, afin d'affirmer que la conscience est un élément fondamental de l'ontologie de l'univers. Dans des ouvrages plus tardifs, il développe cette idée en insistant sur la non-localité – un point plutôt technique, très important, mais aussi extrêmement controversé de la physique quantique (voir par exemple Mermin, 1993, et Maudlin, 1994) – dont il tire des conclusions farfelues à propos de la télépathie et d'autres « phénomènes » paranormaux ; voir Dossey (1989, p. 153-186 *sq* ; 1993, p. 84-85, 128, 155-156 ; 1999, p. 26-27, 68 ; 2001,

idée est reprise par les éditeurs d'un manuel de soins holistes, qui déclarent :

> L'Ère III [de la médecine non locale ou transpersonnelle], la plus récente et la plus avancée, a ses origines dans la science. La conscience est dite « non locale » en tant qu'elle n'est pas rattachée au corps de l'individu. Les esprits des individus s'étendent à travers l'espace et le temps, ils sont infinis, immortels, omniprésents, et en définitive ne forment qu'un[129].

Les théoriciens du holisme, cependant, s'en prennent également à la méthododologie scientifique, avec pour objectif évident d'en « changer les règles du jeu » pour l'étude des thérapies non conventionnelles. Ainsi, Karen Lee Fontaine affirme que la méthode des tests cliniques en double aveugle

> part du présupposé que les maladies sont provoquées et enrayées par des facteurs isolés, pouvant être étudiés seuls et hors contexte. Pour la médecine parallèle, en revanche, un facteur isolé ne saurait provoquer quoi que ce soit, pas plus qu'une substance magique ne peut à elle seule enrayer une maladie. De multiples facteurs entrent en jeu dans l'apparition d'une maladie, et de multiples interventions thérapeutiques agissent conjointement pour favoriser la guérison. La méthode du test en

---

p. 113-114, 189-191, 238-239). Dossey (1993, p. 85) observe à juste titre que la non-localité de la mécanique quantique *ne peut pas* être utilisée pour envoyer des messages – ce qui détruit le fondement physique qu'il prétendait donner à la télépathie –, mais, bizarrement, il postule à tort qu'« il est possible que les stratégies de prières non spécifiques ne violent *pas* l'impossibilité de l'envoi non local de messages posée par la physique » (p. 85, italique dans l'original). Pour des critiques claires de la « médecine quantique » et de la « parapsychologie quantique », voir Stalker et Glymour (1985a) et Gardner (1981).

129. Dossey et Guzzetta (2000, p. 11). Ces concepts se trouvent également dans le *Core Curriculum for Holistic Nursing* mis au point par l'*American Holistic Nurses'Association* (AHNA) et figurent parmi les questions destinées à aider le lecteur à se préparer pour le *Holistic Nursing Certification*. Voir Dossey (1997, p. 7-8, 249). Certains passages de cet ouvrage sont assez bizarres. Ainsi, dans le chapitre consacré aux « traitements énergétiques », parmi les compétences exigées de l'étudiant figurent la capacité de « décrire deux caractéristiques d'un électroaimant », celle d'« exposer la théorie quantique de la réalité créée par la conscience », celle de « comparer un analyseur de Fourier au système des chakras et les circuits L-C aux chakras individuels », et celle de « donner une description classique d'une aura » (Dossey 1997, chapitre 7, p. 52).

double aveugle n'est pas en mesure de prendre en compte une telle complexité et une telle diversité[130].

Ces affirmations sont inexactes. Que le traitement proposé a) comporte une seule ou plusieurs interventions thérapeutiques, et b) soit standardisé ou adapté aux besoins spécifiques d'un malade, il est possible de le comparer à un placebo ou à un autre traitement par le biais d'une étude randomisée et (dans la plupart des cas) menée en double aveugle[131].

Plus loin, Fontaine observe :

> Bien sûr, certaines théories médicales parallèles ne disposent pas de beaucoup de données quantitatives, mais, en général, elles ne sont *pas* expérimentales. Elles reposent sur des facultés d'observation clinique exercées et sur une expérience guidée par les modèles explicatifs qu'elles postulent[132].

Mais l'inaptitude des « facultés d'observation cliniques exercées » et de l'« expérience » à donner des témoignages fiables de causalité statistique est précisément ce qui a conduit les chercheurs en médecine à mettre au point des études randomisées en double aveugle. Fontaine ne nous dit pas comment les praticiens des médecines parallèles parviennent à compenser ces insuffisances bien connues[133]. Elle conclut ainsi :

---

130. Fontaine (2000, p. 12).

131. Assurément, la méthode en double aveugle n'est pas toujours réalisable ni toujours efficace : si le patient éprouve les effets secondaires du médicament, il peut parfois deviner qu'il fait partie du groupe expérimental ; et, pour certains types d'actes thérapeutiques, il peut être impossible de concevoir de « faux » traitements qui permettent de maintenir le principe du test en double aveugle. Un exemple classique de l'impossibilité de mener une expérience en double aveugle est celui de l'étude révolutionnaire : « Le coït est-il impliqué dans le déclenchement de la grossesse ? Quelques constats préliminaires. »

132. Fontaine (2000, p. 12), italique dans l'original.

133. Fontaine (2000, p. 12) observe à juste titre que les tests et les procédures médicales ne sont pas soumis, en l'état actuel de la loi américaine, à la même évaluation rigoureuse qui s'impose aux nouveaux médicaments. Néanmoins, pour combler ce vide juridique, il faudrait relever les exigences en matière de données scientifiques pour tous les actes médicaux, au lieu d'abaisser ces exigences pour les traitements « alternatifs » (dont certains sont d'ailleurs des médicaments). La plupart des traitements « alternatifs » sont déjà exempts d'une quelconque réglementation, juridiquement ou de fait.

> On ne trouvera pas dans ces pages une documentation minutieuse étayant toutes les hypothèses avancées par les diverses thérapies évoquées. [...] Néanmoins, il serait injuste de priver le grand public de thérapies parallèles qui fonctionnent, sous prétexte qu'elles font encore débat chez les chercheurs[134].

Cette formulation élude la question principale, laquelle est de savoir si les thérapies en question fonctionnent *réellement* – affirmation qui ne saurait être validée que par des tests rigoureux.

La question a été éludée de manière encore plus grossière dans les écrits d'autres défenseurs des « techniques thérapeutiques alternatives ». Par exemple :

> [L]e fait que certains phénomènes touchant les cellules, les organes et l'organisme entier chez des souris et des êtres humains sous l'action du *qigong* et d'autres modes de guérison fondés sur l'énergie n'ont cessé d'attirer les patients et les praticiens pendant des milliers d'années indique assurément qu'il y a là un savoir d'une immense importance qu'il faut redécouvrir[135].

> [N]otre faculté intuitive n'est rien d'autre qu'une source de prémisses solides à propos de la nature de la réalité. [...] [I]l existe en nous une source de renseignement directe à propos de la réalité qui peut nous apprendre tout ce que nous avons besoin de savoir[136].

Si cette critique virulente des tests cliniques en double aveugle relève du plaidoyer *pro domo* manifeste, elle n'est pas pour autant postmoderne. Or, à d'autres moments, les tenants des pseudosciences utilisent la rhétorique postmoderne de manière préventive. Considérons le passage sui-

---

134. Fontaine (2000, p. 12).
135. Jobst (2002, p. 524).
136. Weil (1998, p. 151-152, voir également p. vii). Voir Beyerstein (1999, 2001) pour une analyse pénétrante de certaines erreurs de raisonnement courantes chez les défenseurs et les utilisateurs des médecines non conventionnelles. Voir également Relman (1998) pour une analyse et une critique détaillée des principes épistémologiques qui sous-tendent les écrits d'Andrew Weil, le « gourou » autoproclamé des médecines alternatives.

vant dans lequel la prétendue « incommensurabilité des paradigmes » de Kuhn est implicitement invoquée (sous une forme radicale que Kuhn lui-même – du moins le Kuhn tardif – aurait vraisemblablement désavouée) :

> Les croyances scientifiques ne reposent pas seulement sur des faits mais aussi sur des paradigmes. [...] Selon un présupposé répandu, les « experts » de la médecine conventionnelle auraient l'autorité et les compétences nécessaires pour juger des mérites scientifiques et thérapeutiques des traitements alternatifs. Le paradigme étant différent, il n'en est rien[137].

En d'autres termes, chaque paradigme a le droit de définir ses propres critères pour juger les mérites scientifiques des théories proposées, et ces jugements sont péremptoirement déclarés jouir d'une immunité aux critiques rationnelles des adhérents d'un autre paradigme[138,139].

Certains théoriciens éminents des soins infirmiers pseudoscientifiques ont soutenu des formes encore plus explicites de relativisme postmoderne. Dolores Krieger, coïnventeur du toucher thérapeutique, en fournit un exemple instructif. Après avoir déclaré que le toucher thérapeutique est « fondé sur une théorie rationnelle dérivée de recherches en bonne et due forme qui exigent la réplication rigoureuse » – affirmation qu'elle estime nécessaire dans la mesure où « ce que dit la science est la réalité que la civilisation occidentale accepte » –, elle enchaîne en soulignant :

> Il n'existe pas seulement une réalité, ni même plusieurs réalités « alternatives » qui pourraient prétendre au statut de réalité dans notre village mondial, la Terre. Le concept de réalités mul-

---

137. Fontaine (2000, p. 10).
138. On retrouve des arguments de ce type chez de nombreux défenseurs (ou sympathisants) des « médecines parallèles ou alternatives ». Voir par exemple les essais de Cassidy et Watkins dans Micozzi (2001) et ceux de Schaffner, Hufford, O'Connor, Wolpe et Tauber dans Callahan (2002).
139. On trouvera un résumé et une critique des idées de Kuhn sur l'incommensurabilité des paradigmes dans Maudlin (1996) et Sokal et Bricmont (1997, p. 71-77).

tiples est aujourd'hui reconnu comme valide ; une vision particulière de la réalité est déterminée uniquement par la facette particulière de la conscience humaine qui est autorisée à fonctionner à un moment donné[140].

On trouve un autre exemple de relativisme postmoderne extrême dans un ouvrage récent consacré aux médecines parallèles et alternatives :

> [T]outes les réponses sont correctes selon la logique du modèle utilisé. [...] En adoptant ce point de vue, les cliniciens, les chercheurs et les étudiants [...] évitent de perdre leur temps à tenter de déterminer quelle méthode est vraie car si toute réalité est une construction, rien n'est réellement vrai[141].

De la même manière, un disciple de Martha Rogers affirme que

> l'ontologie rogerienne ne fait pas de distinction entre réalité subjective et réalité objective. En outre, la pandimensionnalité accepte l'idée de réalités multiples, voire infinies[142].

Enfin, un autre théoricien des soins infirmiers, favorable aux « nouveaux paradigmes » de Rogers et de ses successeurs, avance que,

> au terme d'un examen approfondi de ces ontologies, il apparaît clairement que des concepts postmodernes fondamentaux, à savoir l'idée que les réalités sont des constructions, que le sens et l'interprétation sont centraux, et que le discours est polyphonique, sont également essentiels dans les ontologies des nouveaux paradigmes[143].

Dans la même veine, Jean Watson, professeur de classe exceptionnelle en soins infirmiers au *Health Sciences Center* de l'Université du Colorado et ancienne présidente de la *National League for Nursing* – d'ailleurs, l'une des plus

---

140. Krieger (1993, p. 6).
141. Cassidy (2001, p. 21).
142. Butcher (1999, p. 113).
143. Cody (2000, p. 94).

importantes théoriciennes contemporaines de la pseudo-science des soins infirmiers[144] –, affirme que

> l'art et la science des soins infirmiers, avec tout l'intérêt qu'elle porte aux questions de soin, de guérison et de santé en tant que champs d'étude, de recherche et de pratique, constatent, au sein de leur paradigme, qu'en cette époque postmoderne la science, le savoir et même les représentations du soin, de la santé, de l'environnement et de la personne, sont devenus des manières parmi d'autres de « jouer à la vérité » [*truth games*][145].

Finalement, les théoriciens les plus ambitieux de la pseudoscience des soins infirmiers – tels que Martha Rogers et ses successeurs – ont érigé des systèmes élaborés sur un brouillard verbal qui rappelle, en moins subtil, celui de Deleuze et Guattari[146]. Leur méthode, si tant est qu'il y en ait une, semble consister à *postuler* un système abstrait pour ensuite en « déduire » les conséquences. En principe, cette manière de procéder pourrait être assimilée à l'approche hypothético-déductive qui caractérise la science moderne ; malheureusement, les « principes » de départ sont eux-mêmes si vagues (« Le champ est un concept unificateur. L'énergie désigne la nature dynamique du champ. Les champs d'énergie sont infinis ») qu'il est impossible de diffé-rencier clairement les « déductions » valides de celles qui ne le sont pas et encore moins d'établir des prédictions empiri-ques falsifiables. Au bout du compte, l'opération se résume à la création d'une taxonomie minutieuse d'anges, bourrée d'ergotages scolastiques à propos de la nature « quadridi-

---

144. Les théories pseudoscientifiques de Watson se trouvent dans Watson (1999). Voir également Watson et Smith (2002), où l'on fait une « synthèse créative » entre la science du soin (*Caring science*) de Watson et la Science des êtres humains unitaires de Rogers et crée une nouvelle « science du soin uni-taire » (*Unitary Caring Science*), ainsi que le long entretien avec Watson publié dans Fawcett (2002).

145. Watson (1995, p. 63).

146. À titre de comparaison, voir l'introduction à la conférence de l'Université de Warwick consacrée à « Deleuze, Guattari et la matière », citée dans Levitt (1999, p. 85-86), ou Sokal et Bricmont (1997, chapitre 8).

mensionnelle », « multidimensionnelle » ou « pandimension-
nelle » de ces anges. Ce type de procédé se rapproche d'un
autre aspect de ce que j'ai appelé le « postmodernisme », à
savoir la production de discours théoriques sans validation
empirique possible.

LE POSTMODERNISME INFIRMIER EN DÉBAT

Des idées postmodernes provenant de la critique littéraire, de la philosophie dite « continentale » et de la théorie
féministe ont commencé à influencer les théoriciens des
soins infirmiers au début des années 1990[147]. À compter de
cette date, on a vu y apparaître une quantité surprenante de
références à Heidegger, Foucault, Derrida, Rorty et d'autres
philosophes considérés comme « postmodernes[148] ».

Les articles théoriques en soins infirmiers se réclamant
du postmodernisme tendent à recycler les mêmes arguments et
la même rhétorique que l'on trouve dans les écrits postmodernes en sciences sociales et en théorie littéraire. Généralement,
le raisonnement se déploie sur un terrain abstrait, philosophique ou politique, et l'on aborde rarement les interventions thérapeutiques concrètes ou leur méthode d'évaluation[149]. Au

---

147. Le *Cumulative Index to Nursing and Allied Health Literature* (*CINAHL*)
recense 131 articles comportant les termes « posmodernis$ » ou « poststructu-
ralis$ » (où $ désigne toutes les terminaisons possibles) dans leur titre ou leur
résumé. Le premier de ces articles est paru en 1989, mais, de 1989 à 1994, il
n'en est paru en moyenne que 2 par an. À partir de 1995, la cadence s'est accé-
lérée pour atteindre une moyenne de 14 par an, cadence qui s'est maintenue
jusqu'à aujourd'hui. Ces données datent du 10 décembre 2003. Voir également
le nombre bien plus important d'articles mentionnés dans la note suivante.
CINAHL est consultable en ligne à l'adresse http://gateway.ovid.com/
148. Le *CINAHL* ne recense pas moins de 663 articles mentionnant Foucault
dans leur titre, leur résumé ou leur bibliographie ou corpus de références,
Heidegger totalise 531 références, Rorty 99, et Derrida 81. Presque toutes ces
références concernent l'année 1995 et les suivantes.
149. Voir par exemple les essais qui figurent dans Omery, Kasper et Page
(1995), Kikuchi, Simmons et Romyn (1996) et Thorne et Hayes (1997).

niveau de l'épistémologie, certains auteurs sont relativement précis, tandis que d'autres cultivent un flou artistique :

> Le postmodernisme consiste en un refus de la rationalité scientifique qui caractérise la période moderne, postérieure aux Lumières. [...] Il considère la vérité comme problématique, et non comme progressivement accessible par l'investigation scientifique ou le raisonnement logique. Il célèbre la complexité et l'ambiguïté ; l'incohérence, le paradoxe et la contradiction ne lui posent pas de problème [...]. Les idées et la recherche dans le domaine des soins infirmiers sont positives si les narrations qu'elles contiennent permettent aux infirmiers et aux patients de poursuivre leur vie[150].

> Ce changement ontologique et épistémologique [associé au post-modernisme] convie et utilise des notions telles que le contexte, les connexions, les relations, la multiplicité, l'ambiguïté, l'ouverture, l'indétermination, la figuration, le paradoxe, le processus, la transcendance et les mystères de l'expérience humaine de l'être-au-monde [...][151].

Bien que les théoriciens postmodernes des soins infirmiers ne se prononcent qu'avec réticence sur l'efficacité des interventions thérapeutiques – surtout celles qui prétendent avoir des effets biologiques –, un débat récent dans les pages de la revue *Nursing Philosophy* a attiré l'attention sur ces questions. En réponse à un article de la journaliste médicale Sarah Glazer, qui critiquait tout à la fois le toucher thérapeutique et le postmodernisme dans les soins infirmiers, Janice L. Thompson a défendu les positions postmodernes[152]. Thompson y rejette à maintes reprises (au moins cinq fois sur quatre pages et demie) l'accusation d'être « antiscientifique » :

> Comme la plupart des infirmières qui ont été formées par des études approfondies, j'ai longuement médité sur les dilemmes que pose la formulation de vérités en dehors du discours scientifique. Mais dans mon identité professionnelle, j'ai cessé de vivre dans le confort d'une modernité naïve, et je ne pense pas

---

150. Stevenson et Beech (2001, p. 144-145, 149).
151. Watson (1995, p. 61).
152. Glazer (2000b), Thompson (2002), Glazer (2002).

qu'il existe *une seule* définition de ce qui est « raisonnable et rationnel ». Il y en a beaucoup. Cette vision plurielle des choses ne veut pas dire que je suis nihiliste ou antiscientifique. Elle signifie que je considère la science comme une manière parmi d'autres de produire du sens et de la vérité[153].

Glazer lui répond :

> Je soutiens que la méthode scientifique est la bonne manière d'évaluer la validité d'affirmations factuelles sur le monde, comme par exemple, « Le tabac est l'une des causes du cancer des poumons », « Les champs énergétiques existent et peuvent être perçus par les praticiens du toucher thérapeutique. » Thompson et d'autres infirmières de conviction postmoderne confondent les questions morales et les questions factuelles. Elle ne cesse de répéter qu'elle n'est pas « antiscientifique ». [...] Mais il est impossible de croire à la méthode scientifique tout en croyant aussi à d'autres « modalités d'approche », comme l'intuition, lorsqu'il s'agit d'évaluer des affirmations *factuelles* comme celles du toucher thérapeutique[154].

Thompson poursuivit en invoquant, à l'instar de Fontaine, la prétendue incommensurabilité des paradigmes pour mettre à l'abri de toute critique le toucher thérapeutique, les techniques chamaniques de guérison et l'homéopathie :

> En tant que pratique non discursive, il se peut fort bien que le toucher thérapeutique, comme les techniques de guérison chamaniques, échappe à nos « paradigmes » épistémiques actuels. C'est précisément pour cette raison que nous devons nous montrer prudents et nous interroger sur notre manière de les juger et la raison pour laquelle nous les jugeons. [...] Si l'on désire une pratique fondée sur des preuves concrètes [*evidence-based practice*], on doit se poser certaines questions, à savoir « quelles preuves ? » et « les preuves de qui ? » Ce sont ces questions qui ont été et resteront au centre des débats sur le toucher thérapeutique. Ces sont ces questions qui surgissent lorsque les médecins allopathes se prononcent sur les pratiques curatives des médecins homéopathes, et lorsque les médecins occidentaux se confrontent aux pratiques chamani-

---

153. Thompson (2002, p. 59-60), italique dans l'original.
154. Glazer (2002, p. 64), italique dans l'original.

ques des guérisseurs traditionnels d'autres cultures. [...] Ces questions surgissent toujours lorsque des revendications de vérité *incommensurables* se rencontrent[155].

Comme l'a observé Glazer dans sa réfutation :

> Je trouve intéressant que le professeur Thompson n'aborde pas la question centrale que je pose dans mon article, à savoir pourquoi une thérapie extrêmement douteuse connue sous le nom de « toucher thérapeutique » continue d'être pratiquée et adoptée par des infirmiers. Après avoir lu la critique de madame Thompson, je n'arrive toujours pas à déterminer si elle a omis d'y répondre parce qu'elle considère le toucher thérapeutique comme une pratique embarrassante pour la profession ou parce qu'elle y croit mais n'est pas prête à la défendre ouvertement[156].

Toutefois, Thompson consent à quitter un moment les sphères abstraites pour aborder concrètement les soins infirmiers. Curieusement, c'est aussi le seul passage de l'article où elle passe du ton de la réfutation patiente à celui de l'indignation. Tout en plaidant son manque de compétence en matière de toucher thérapeutique, elle ajoute :

> Je connais néanmoins le travail de Martha Rogers et je suis indignée par le portrait que se permet d'en faire un auteur qui n'a qu'une connaissance limitée de ses travaux. On peut ne pas être d'accord avec certaines applications du toucher thérapeutique, mais on doit au moins reconnaître et respecter l'engagement de cette théoricienne qui a soigneusement étudié le travail de ses maîtres en physique théorique. C'était une universitaire extrêmement cultivée et remarquablement interdisciplinaire[157].

Comme le remarque à juste titre Glazer, « il est inutile d'être physicien pour trouver risible l'usage que fait Rogers de la physique pour justifier le toucher thérapeutique[158] ».

---

155. Thompson (2000, p. 60-61), c'est moi qui souligne.
156. Glazer (2002, p. 63).
157. Thompson (2002, p. 60). Dzurec (1989, p. 75) est un autre exemple de théoricien postmoderne des soins infirmiers favorable à la Science des êtres humains unitaires de Rogers.
158. Glazer (2002, p. 63).

Toutefois, pour information, je tiens à signaler que Martha Rogers ne montre pas l'ombre d'une connaissance en physique – pas même au niveau du cours d'introduction de première année destiné aux non-scientifiques que j'enseigne souvent. Elle se contente d'emprunter des termes à la physique et de les manipuler à tort et à travers sans la moindre considération de leur sens[159].

QUELQUES REMARQUES EN GUISE DE CONCLUSION

En écrivant cette étude sur la pseudoscience et le postmodernisme dans les soins infirmiers, j'ai lu tout ce qu'il m'était possible à ce sujet mais je ne peux prétendre à l'exhaustivité. De nombreuses questions demeurent en attente d'analyses quantitatives et qualitatives rigoureuses de la part des sociologues et des historiens. À quel point l'enseignement et la pratique des pseudosciences sont-ils répandus dans les écoles d'infirmières et les hôpitaux américains ? Comment cet enseignement et cette pratique ont-ils évolué au fil du temps ? Quel est le degré de popularité de la pensée postmoderne chez les enseignants en soins infirmiers et leurs étudiants, tant dans sa forme « noble » (Heidegger, Derrida, Foucault, etc.) que dans sa forme « galvaudée » (discours vagues à propos des constructions sociales et de la multiplicité des points de vue) ? Dans quelle mesure et de quelle façon la pseudoscience et le postmodernisme se recoupent-ils sur le plan tant intellectuel que sociologique dans la communauté des infirmières et des infirmiers ? Jusqu'à quel point ces tendances sont-elles répandues hors des États-Unis ? S'y sont-elles développées indépendam-

---

159. Ce qui montre peut-être encore mieux l'absence de connaissances de base de Martha Rogers en physique, c'est son acceptation enthousiaste et sans réserves des théories astronomiques délirantes d'Immanuel Velikovsky (Rogers, 1970, p. 12). Pour une analyse plus précise de la pseudo-physique de Rogers, voir Glazer (2002, p. 63) et Raskin (2000, p. 34).

ment ? Quelles forces sociales et psychologiques se trouvent derrière la vogue des pseudosciences et du postmodernisme dans la corporation des soins infirmiers[160] ?

Pseudoscience nationaliste et postmodernisme en Inde

Dans un nouvel ouvrage majeur, *Prophets Facing Backward : Postmodern Critiques of Science and Hindu Nationalism in India*, la philosophe et sociologue des sciences Meera Nanda relate comment, depuis le début des années 1980, les intellectuels de gauche indiens de tendance postmoderne favorisent sans le vouloir l'accession au pouvoir de la droite nationaliste hindoue, une formation dont la doctrine, politique et religieuse, accorde une place centrale à une pseudoscience qui se fait passer pour une science authentique. Je reprends ici l'analyse de Meera Nanda en me concentrant d'abord sur les thèses des théoriciens « postcoloniaux », puis sur celles des nationalistes hindous, afin d'analyser leurs points communs et leurs différences. Les lecteurs désireux d'en savoir plus sur le contexte historique et politique peuvent se reporter au livre captivant de Meera Nanda.

LE POSTMODERNISME EN INDE

En juillet 1981, un groupe de scientifiques et d'intellectuels indiens ont publié une *Déclaration sur la mentalité scientifique* dans laquelle ils se plaignaient de la persistance de l'illettrisme, de la superstition et des hiérarchies sociales

---

160. On trouvera une analyse préliminaire de ce dernier point dans Glazer (2000b).

fondées sur la religion dans un pays qui possédait des universités de niveau international et se classait au troisième rang mondial pour le nombre de scientifiques. Rappelant que « les plus grands esprits indiens de l'époque précédant l'indépendance [avaient] œuvré sans relâche pour encourager la population à penser de manière indépendante et sans avoir peur, et à remettre en question les croyances traditionnelles » – un ferment qui, le moment venu, avait rendu possibles « la critique du système colonial [et la naissance] d'un puissant mouvement de libération nationale » –, les auteurs de la déclaration déploraient qu'au moment de l'indépendance

> aucun effort systématique et soutenu n'[ait] été entrepris pour déterminer les actions précises et concrètes nécessaires à l'édification d'une société animée d'un esprit d'investigation et non assoupie dans la passivité et la résignation. Le résultat [...] en a été la soumission aux forces obscurantistes et aux structures sociales et économiques inégalitaires existantes, voire la compromission avec elles[161].

Trois décennies plus tard, constataient-ils,

> la superstition se propage comme un cancer à tous les échelons de la société. On pratique les rituels les plus étranges, souvent avec l'aval des autorités. On observe des coutumes sociales obscurantistes, même chez ceux dont la recherche scientifique est le métier. L'ensemble de notre système éducatif baigne dans une atmosphère de conformisme, d'acceptation et de soumission à l'autorité[162].

Au nom de la justice sociale, les signataires de la déclaration exhortaient leurs concitoyens à défendre et à illustrer la pensée rationnelle et scientifique :

> L'esprit d'investigation, la reconnaissance du droit à douter et à être mis en doute sont des caractéristiques fondamentales de la mentalité scientifique. [...] Elles permettent de comprendre que les choses arrivent parce qu'elles sont produites par l'interaction

---

161. Haskar *et al.* (1981, p. 7).
162. Haskar *et al.* (1981, p. 7).

de forces naturelles et sociales concrètes et compréhensibles et non parce qu'une entité quelconque, si éminente soit-elle, en a décidé ainsi. [...] Lorsque la structure et la stratification sociales empêchent la mise en œuvre de solutions rationnelles scientifiquement prouvées, le rôle de l'esprit scientifique est de dénoncer et de renverser de telles barrières sociales[163].

L'idée n'était pas nouvelle : des dizaines d'années auparavant, Jawaharlal Nehru, premier chef de gouvernement de l'Inde indépendante, avait salué

l'esprit audacieux et pourtant critique de la science, qui allie à la recherche de la vérité et de connaissances nouvelles le refus d'accepter quoi que ce soit qui n'ait été expérimenté et prouvé, la capacité de revenir sur ses conclusions à la lumière de nouvelles preuves, la référence constante au fait observable plutôt qu'à la théorie préconçue, et une discipline mentale exigeante [...]. La démarche et la mentalité scientifiques sont, ou devraient être, un mode de vie, un état d'esprit, un guide pour l'association et l'action avec nos semblables[164].

La *Déclaration sur la mentalité scientifique* fut une tentative de faire revivre, dans une Inde qui se modernisait de manière inégale, cet idéal d'une société éclairée qu'avait esquissé Nehru[165].

Cette déclaration a aussitôt été violemment attaquée par des intellectuels néo-gandhiens avec des arguments qui, quelques années plus tard, devaient être appelés « postmodernes ». C'est Ashis Nandy qui tira la première salve. Qualifiant

---

163. Haskar *et al.* (1981, p. 8-9).

164. Nehru (2002, p. 586). Nehru a écrit ce livre entre avril et septembre 1944 dans la prison de Fort Ahmadnagar, où lui et d'autres personnalités du mouvement indépendantiste étaient détenus par les Britanniques depuis 1942.

165. Depuis les années 1960, il existait une pléthore de mouvements de science pour le peuple actifs dans toute l'Inde, qui rassemblaient bien plus de 100 000 membres. Sous le mot d'ordre « la science pour la révolution sociale », ils défendaient une vision scientifique du monde propre à « démystifier les justifications religieuses des castes, du patriarcat, et d'autres discriminations fondées sur le concept de pureté » (Nanda, 2003, p. 220). Pour davantage d'informations sur ces mouvements, voir Nanda (2003, p. 219-222) et Isaac *et al.* (1997).

la déclaration d'« ultrapositiviste », de « pseudo-empiriciste », et l'accusant d'être un « rejeton posthume du colonialisme », il enchaînait sur une offensive massive contre la science dans tous ses aspects : technologiques, sociaux et épistémologiques[166]. Accusant les scientifiques d'être complices des guerres ainsi que de l'oppression à l'intérieur des États, Ashis Nandy observait – à juste titre – que la science s'était transformée en « un commerce juteux » et – point plus discutable – que, « dans certains pays [non nommés], plus de maladies [étaient] dues au système médical moderne qu'à des causes naturelles ». En bref, la science était devenue « le plus grand instrument d'oppression dans le monde[167] ». D'après lui, le problème ne vient toutefois pas du détournement de la science à des fins d'oppression, il vient de la vision scientifique du monde elle-même. Dans le cas de Galilée,

> c'est l'Église qui s'est montrée ouverte à plusieurs visions du cosmos. Galilée, tout comme les signataires de cette déclaration, était persuadé qu'il avait raison, et voulait éliminer toutes les autres conceptions de la vérité. C'est cela que l'Église n'acceptait pas, même si elle s'y est prise bêtement et maladroitement[168].

Affirmant que les arguments contre l'astrologie avaient déjà été si copieusement « éreintés par Paul Feyderabend [*sic*] sur des bases scientifiques, normatives et méthodologiques » qu'il était inutile d'y revenir en détail, Nandy ajoutait que,

> dans un monde où des autorités arbitraires dépossèdent constamment l'individu de son droit à contrôler sa propre destinée, une situation dont la science et la technologie modernes sont partiellement responsables, l'astrologie tient lieu pour les pauvres de défense psychologique. C'est une tentative de trouver le sens d'un présent qui n'est qu'oppression dans un avenir maîtri-

---

166. Nandy (1981, p. 16, 17).
167. Nandy (1981, p. 17, 16), les commentaires entre crochets sont de moi.
168. Nandy (1981, p. 17).

sable. [...] En somme, l'astrologie est le mythe des faibles, la science moderne est celui des forts[169].

La morale de cette histoire, selon Nandy, c'est que « nous devons apprendre à rejeter la prétention à l'universalité de la science. *La science n'est pas moins déterminée par la culture et la société que n'importe quelle autre activité humaine*[170] ». Et il appelle au développement d'une contre-conscience

> qui ne reconnaît la science que comme l'une des nombreuses traditions imparfaites de l'humanité et qui permet aux laissés-pour-compte de reconquérir leur dignité humaine et de réaffirmer [...] diverses formes de traditions, de religions et de mythes[171].

Au cours des dix années suivantes, l'offensive de Nandy contre la science moderne a été poursuivie par une cohorte d'intellectuels indiens « postcoloniaux » dans des livres et des articles tels que *Science, Hegemony and Violence* édité par Nandy, *Science, Development and Violence* de Claude Alvares et « Reductionist science as epistemological violence » de Vandana Shiva. Trois thèses principales ressortent de ces textes :

• *La science moderne est fondée sur la violence et l'exploitation* qui s'exercent à la fois contre la nature et les êtres humains. Cette violence ne provient pas simplement du détournement de la connaissance scientifique vers des technologies militaires, injustes ou polluantes, elle est inhérente à la vision du monde qui caractérise la science moderne.

---

169. Nandy (1981, p. 17). Je précise à toutes fins utiles que ma critique ne vise que la dernière phrase de cette citation, qui suggère une équivalence épistémologique entre l'astrologie et la science moderne. La première partie pourrait bien être une observation sociologique tout à fait pertinente, encore que je ne sois pas à même d'en juger. Quoi qu'il en soit, on conviendra sans doute que cette remarque récente de Nandy (à supposer qu'on l'ait cité avec exactitude) mérite d'être relevée : « "L'astrologie n'a que peu d'influence sur les illettrés et les pauvres dans l'Inde rurale", d'après le sociologue Asish [*sic*] Nandy. "Ce sont les classes éduquées des villes, confrontées à une réalité de plus en plus complexe et incertaine, qui sont tombées sous son emprise" » (Rahman, 2003).
170. Nandy (1981, p. 18), italique dans l'original.
171. Nandy (1981, p. 17).

• *La prétention de la science moderne à l'universalité et à l'objectivité est illusoire.* La science moderne, en réalité, n'est ni plus ni moins que l'ethnoscience de l'Occident. Le « savoir » scientifique moderne, loin d'être objectif et universel, est imprégné de valeurs occidentales. D'autres modes de connaissance sont tout aussi légitimes, et dans certains cas supérieurs.

• *Chaque civilisation a le droit de créer sa propre science,* en accord avec ses traditions.

Je ne propose pas ici de reproduire en détail le raisonnement qui conduit à ces affirmations, et encore moins d'expliquer en quoi je considère que ce raisonnement est grossièrement erroné[172]. Je me bornerai à illustrer ces trois thématiques récurrentes par quelques citations extraites de passages représentatifs.

Le trait le plus novateur du discours sur la science des postcoloniaux indiens par rapport à celui des postmodernes occidentaux est leur dénonciation virulente du caractère intrinsèquement violent de la science moderne[173]. Ainsi, Claude Alvares soutient que

> tant la science que les technologies qui en dérivent sont des modes de rapport au monde fondamentalement violents, la violence est intrinsèque à la science, à ses textes, à son projet et à

---

172. Qu'il me suffise de dire que, comme dans la plupart des discours postmodernes sur la science, ces affirmations sont fondées sur une lecture simpliste de certains ouvrages contestés de la philosophie des sciences (notamment Kuhn et Feyerabend) et sur une vue cavalière de questions complexes comme celles des valeurs épistémiques et non épistémiques dans la science, la dépendance des observations par rapport aux théories [*theory-ladenness of observation*], le statut épistémologique de la connaissance scientifique, les aspects multiples du réductionnisme, et les relations conceptuelles et socioéconomiques entre la science et la technologie. On trouvera des critiques plus détaillées des théories postmodernes et « postcoloniales » en philosophie des sciences dans Nanda (2003, chapitres 5 et 6), Sokal et Bricmont (1997, chapitre 3), Haack (1998, 2003) et Brown (2001).

173. On retrouve cette thématique chez certains auteurs occidentaux, en premier lieu Carolyn Merchant (1980), mais souvent sous une forme moins extrême.

sa mise en œuvre. [...] La science de notre époque est indissociable de sa structure de violence[174].

De même, Ashis Nandy affirme qu'il existe

> une corrélation directe entre la prétention à l'objectivité absolue, à l'intersubjectivité, à la cohérence interne, à la froideur et à la neutralité morale d'une part, et la violence, l'oppression, l'autoritarisme, l'uniformité mortifère et la disparition des cultures d'autre part[175].

D'après lui, « la science moderne [représente] le modèle de domination principal de notre époque et [...] l'ultime justification de toute violence institutionnalisée[176] ». Vandana Shiva, reprenant l'idée que la science moderne est intrinsèquement violente, attribue l'origine de cette prétendue violence au réductionnisme[177] :

> Je soutiens que la science moderne est violente même dans des domaines pacifiques, comme la santé et l'agriculture [...]. Cette affirmation est fondée sur le constat que la science moderne est fondamentalement réductionniste. [...] Afin de prouver sa supériorité aux modes de savoir alternatifs et de demeurer la seule méthode de connaissance légitime, la science réductionniste a recours à la dissimulation et à la falsification des faits, se rendant par là coupable de violence envers la science elle-même[178].

En outre, les auteurs postcoloniaux affirment que la prétention à l'universalité et à l'objectivité de la science moderne est illusoire. Selon Claude Alvares,

> la prétention de la science moderne à une universalité indépendante de la culture (et des cultures) est sans précédent dans l'histoire. [...] Pourtant, dans les faits, la science moderne n'est ni plus ni moins que la science occidentale, c'est-à-dire une catégorie particulière d'ethnoscience. En réalité, l'universalité qu'on lui

---

174. Alvares (1988, p. 70-71). Voir également Alvares (1992, p. 64).
175. Nandy (1981, p. 18).
176. Nandy (1987b, p. 122).
177. Il est regrettable que Shiva ne tienne aucun compte des distinctions cruciales qu'il faut opérer entre les différentes notions du réductionnisme. Ces dernières sont clairement exposées dans Weinberg (1992, chapitre III ; 1995).
178. Shiva (1988, p. 232-233). Voir également Shiva (1989, chapitre 2).

a bien trop volontiers prêtée a eu des conséquences désastreuses pour d'autres ethnosciences[179].

Ashis Nandy est encore plus explicite :

> Nous devons apprendre à refuser la prétention à l'universalité de la science. *La science n'est pas moins déterminée par la culture et la société que n'importe quelle autre activité humaine.* [...]
> *La science moderne est l'une des nombreuses traditions dont dispose l'humanité. Elle est aussi l'une des nombreuses traditions de la science.* Malheureusement, comme certaines croyances sémitiques, elle prétend être la seule vérité indépendante de toute tradition. Il est temps pour nous de proclamer que la science moderne a le droit de pratiquer le prosélytisme mais non de faire des conversions forcées[180].

De même, Vandana Shiva affirme que les « prétentions à la vérité » de la science moderne sont « frauduleuses » et elle ajoute que

> la dichotomie fait-valeur est une création de la science moderne réductionniste qui prétend ne pas dépendre des valeurs alors même qu'elle ne constitue qu'une réponse épistémique à un ensemble particulier de valeurs. Selon la conception communément admise, la science moderne parvient à découvrir les propriétés de la nature grâce à une « méthode scientifique » qui produit un savoir « objectif », « neutre » et « universel ». Cette vision de la science moderne comme description de la réalité telle qu'elle est, vierge de toute déformation par des valeurs, peut être rejetée [...]. Les faits scientifiques sont déterminés par l'univers social des scientifiques, non par le monde naturel[181].

> Si la science réductionniste a détrôné les modes de connaissance non réductionnistes, elle n'y est pas parvenue par le jeu de la concurrence cognitive, mais grâce au soutien de l'État [...]. Les « faits » de la science réductionniste sont des catégories socialement construites et qui portent les marques culturelles du système occidental, bourgeois et patriarcal, lequel constitue le contexte de leur découverte et de leur justification[182].

---

179. Alvares (1992, p. 150).
180. Nandy (1981, p. 18), italique dans l'original.
181. Shiva (1988, p. 233-234, 237).
182. Shiva (1989, p. 24, 27).

Enfin, les théoriciens postcoloniaux cherchent à créer des sciences « alternatives » fondées sur les religions et les valeurs traditionnelles comme sur les croyances « populaires » des gens ordinaires :

> *L'homme ordinaire ne possède pas seulement une science traditionnelle ou populaire, il possède sa propre philosophie de la science.* Cette dernière est peut-être vague, implicite et peu professionnelle, mais elle est enrichie par l'expérience de la souffrance. Ces sciences et ces philosophies populaires doivent être prises au sérieux. Nous ne pouvons espérer construire une science autochtone qu'à condition que ces sciences et ces philosophies perdues soient respectées et reconnues par les intellectuels indiens contemporains[183].

La stratégie revendiquée par ces auteurs est syncrétique. Elle consiste à accepter certains éléments de la science moderne tout en rejetant sa vision du monde :

> Le traditionalisme critique dont je parle n'a pas besoin de considérer la science moderne comme étrangère, même s'il peut la considérer comme aliénante. Il considère la science moderne comme un élément d'un nouvel ordre cognitif qui, intégré aux traditions antérieures, peut occasionnellement y jouer une fonction critique. Le traditionalisme que nous défendons est radicalement opposé à l'isolement et au souci d'objectivité excessif, mais ne méconnaît en aucun cas le potentiel créatif d'une objectivité limitée. [...] Il refuse de privilégier les besoins de la connaissance pure au détriment de la totalité de la conscience[184].

Le contenu précis de cette science « alternative » est laissé dans le vague, de même que les critères permettant de déterminer lesquels, parmi les croyances traditionnelles et les résultats de la science moderne, doivent y être inclus et ceux qui doivent en être rejetés. Néanmoins, on souligne le besoin pressant de construire une nouvelle science :

---

183. Nandy (1981, p. 18), italique dans l'original.
184. Nandy (1987a, p. 125, 124).

La recherche d'alternatives au réductionnisme est essentiellement un combat politique qui se joue dans des domaines maté-
riels et intellectuels. La science qui se profile à travers les alternatives non réductionnistes que des hommes et des femmes du
monde entier s'emploient à construire ensemble est une science
non violente, qui respecte l'intégrité de la nature, de la vérité et
des êtres humains qu'elle vise à libérer[185].

[U]n jour, il faudra bien qu'il y ait des sociétés postmodernes et
une conscience postmoderne, et une fois ce jour venu, ces sociétés et cette conscience pourraient bien choisir de se construire
non pas tant sur la modernité que sur les traditions du monde
non moderne ou prémoderne[186].

Mais, pendant que les intellectuels postmodernes indiens
chantaient les louanges des « savoirs locaux » comme des
« traditions prémodernes » et s'élevaient contre « la science
coloniale occidentale », d'autres intellectuels indiens
s'employaient à rendre leur panégyrique bien réel.

NATIONALISME HINDOU ET « SCIENCE VÉDIQUE »

> [L]es conclusions de la science moderne sont celles-
> là mêmes que le Vedanta a énoncées il y a des siè-
> cles. La seule différence est que dans la science
> moderne, elles sont formulées dans le langage de la
> matière.
>
> Swami VIVEKANANDA (1970 [vers 1900],
> vol. 3, p. 185).

---

185. Shiva (1988, p. 255).
186. Nandy (1987a, p. xvii). Voir également l'essai de Nandy et Visvanathan
(1990), un hymne à la gloire de la théosophie, de la biologie vitaliste et de la
médecine ayurvédique, qui présente ces dernières comme des critiques pres-
cientes de la médecine scientifique moderne (« système de savoir politiquement puissant qui produit des résultats concrets immédiats dans certains
domaines mais qui est intellectuellement, socialement et moralement dérou-
tant », p. 181). Encourageant « la résistance cognitive contre la gloutonnerie
de la science moderne » (p. 175), Nandy et Visvanathan vont jusqu'à citer
Gandhi en l'approuvant : « Étudier la médecine européenne équivaut à accroître notre servitude » (p. 174).

> Nombre des questions qui surgissent aujourd'hui dans la physique quantique avaient été anticipées par Swami Vivekananda.
>
> N. S. RAJARAM (1998, p. 192).

> Le *Rig-Veda* est un traité de physique des particules et de cosmologie.
>
> Raja Ram Mohan ROY (1998, p. xiii).

Le 23 février 2001, la *University Grants Commission*, organe du gouvernement central chargé du financement de l'enseignement supérieur indien, annonçait :

> [I]l est urgent de rajeunir la science de l'astrologie védique en Inde, de permettre à ce savoir scientifique de se diffuser dans l'ensemble de la société, et de créer des conditions favorables à l'exportation de cette science importante dans le monde. [... C'est pourquoi] la présente commission a décidé de donner son accord de principe à la création dans les universités indiennes de quelques départements d'astrologie védique [...] habilités à délivrer des certificats, des diplômes du premier au troisième cycle et des doctorats[187].

Le projet a soulevé une tempête de protestations de la part de scientifiques et d'intellectuels rationalistes indiens[188]. Qu'est-ce qui avait bien pu inciter la commission à prendre une décision aussi étrange ?

La réponse, on ne s'en étonnera pas, relève de la politique, plus précisément de la politique nationaliste hindoue du *Bharatiya Janata Party* (BJP) qui a gouverné l'Inde entre mars

---

187. Gouvernement de l'Inde, département de l'Éducation (2001). Dans la première année de mise en place du programme, « l'UGC a sélectionné 19 universités pour dispenser un enseignement et une formation dans ces domaines, et délivrer des diplômes de premier, deuxième et troisième cycle et des doctorats. Au cours de l'exercice 2001-2002, 27,1 millions de roupies [environ 600 000 dollars] ont été versées à 17 universités pour financer la mise en place de ces départements » (Gouvernement de l'Inde, département de l'Éducation 2003, p. 132). Cette somme peut paraître modeste, elle représente néanmoins presque le double de ce qui a été dépensé la même année pour moderniser les centres informatiques de 59 universités indiennes (*ibid.*, p. 145).

188. Voir par exemple Ramachandran (2001), Balaram (2001) et Jayaraman (2001a, 2001b), pour ne citer qu'eux. Jayaraman (2001a) explique en détail pourquoi l'astrologie est une pseudoscience.

1998 et mai 2004. Le BJP représente l'expression politique d'un mouvement de masse protéiforme qui défend l'*Hindutva*, c'est-à-dire l'« hindouité ». Il s'agit d'« un mouvement ultranationaliste et chauvin dont l'objectif est de moderniser l'Inde en rétablissant les racines védiques-hindoues, prétendument pures, de la culture indienne[189] ». Dans le cadre de son programme d'hindouisation du système éducatif, le BJP a réécrit les manuels d'histoire en supprimant les contributions des musulmans et autres non-hindous, et soutenu la création d'un enseignement universitaire non seulement de l'astrologie védique (*jyotir vigyan*), mais aussi du *karmakanda* (les rituels des prêtres hindous), du *vastu shastra* (règles de l'architecture sacrées), de la « science du Yoga et de la conscience humaine » et des « mathématiques védiques[190] ».

La science joue un rôle essentiel dans l'idéologie nationaliste hindoue[191]. Comme l'explique Meera Nanda :

> Les nationalistes hindous sont obsédés par la science. Ils en sont obsédés à la manière des créationnistes. Ils utilisent le vocabulaire de la science pour montrer que les textes les plus sacrés de l'hindouisme [...] sont en réalité des traités scientifiques qui expriment, dans un idiome spécifiquement holiste et spécifiquement hindou, les découvertes de la physique, de la biologie, des mathématiques modernes, et de presque toutes les branches des sciences de la nature modernes[192].

---

189. Nanda (2003, p. 4).

190. Voir Menon et Rajalakshmi (1998), Pannikar (2001), Bidwai (2001) et Menon (2002) à propos de la réécriture des manuels scolaires, voir Ramachadran (2001), qui cite les directives de l'UGC, sur le *vashtu shastra* et les mathématiques védiques, voir Gouvernement de l'Inde, département de l'Éducation (2003, p. 134-135) sur la science du yoga, et, d'une manière générale, Nanda (2003, p. 73, 75-76). Voir également Dani *et al.* (2001) pour une critique mordante des « mathématiques védiques », signée par plus d'une centaine de mathématiciens, scientifiques et autres universitaires indiens, et Patnaik (2001) pour une critique approfondie des politiques du BJP en matière d'éducation.

191. Un autre aspect central de l'idéologie nationaliste hindoue – non abordé ici car il ne relève pas de mes compétences – est la réécriture tendancieuse de l'histoire et de l'archéologie de l'Asie du Sud. Pour plus de détails, voir l'article de Michael Witzel (à paraître).

192. Nanda (2003, p. 65).

Parallèlement,

> la science védique est censée mener à une science naturelle plus totale, qui guérira du réductionnisme et du dualisme matière-esprit qui sont caractéristiques de la science « occidentale ». Les apôtres de la science védique promettent d'« élever » le savoir inférieur (*apara vidya*) de la science moderne, qui se « cantonne à la matière », en l'incorporant au « savoir supérieur » (*para vidya*) de l'esprit révélé par leurs traditions[193].

C'est de cette façon que les nationalistes hindous tentent de revêtir d'une légitimité « scientifique » non seulement des pratiques traditionnelles comme l'astrologie védique, le *vastu shastra* et la médecine ayurvédique, mais aussi la cosmologie hindoue classique qui fonde les hiérarchies sociales humaines sur le « karma », c'est-à-dire la somme des actions morales ou immorales commises dans les vies antérieures. En outre, tous les aspects de la science moderne qui contredisent cette cosmologie – par exemple la biologie moderne qui rend la réincarnation pour le moins peu probable – sont tranquillement ignorés : « La science moderne est incorporée à une forme d'hindouisme brahmanique-védantique élitiste, tout en niant qu'il existe la moindre contradiction entre les deux. De cette façon, *on évite toute critique des aspects antinaturalistes, anti-rationnels et antidémocratiques de ce système de pensée*[194]. »

La méthode intellectuelle que suivent les idéologues de l'Hindutva ne s'embarrasse guère de complications :

> [N']importe quelle idée ou pratique hindoue traditionnelle, si obscure et irrationnelle qu'elle ait pu être au cours de son histoire, est revêtue du titre honorifique de « science » si elle présente la plus petite ressemblance avec une idée valorisée (même

---

193. Nanda (2003, p. 66). Voir par exemple Frawley (1990, p. 117) : « Dans le système védique, la connaissance est définie comme "haute" ou "basse", ou encore comme "supérieure" ou "inférieure" (*para* et *apara*). Le savoir "bas" ou "inférieur" désigne les connaissances du monde extérieur. [...] Toute la science est une forme de savoir inférieur, car elle est fondée sur la quantification, les mathématiques et les informations qui nous parviennent des sens. »
194. Nanda (2003, p. 8), italique dans l'original.

pour de mauvaises raisons) en Occident. C'est ainsi que certaines formules obscures des Vedas sont réinterprétées et présentées comme des références à la physique nucléaire. Par le biais d'une revendication d'antériorité fallacieuse, la science moderne se retrouve domestiquée : de toute façon, elle était contenue dans la « sagesse indienne » depuis toujours[195].

L'exemple a été donné par Swami Vivekananda (1863-1902), l'un des pères fondateurs du néo-hindouisme moderne :

> Aujourd'hui, les découvertes extraordinaires de la science moderne surgissent devant nous comme des éclairs sortis du néant, nous ouvrant les yeux sur des merveilles dont nous n'avions jamais osé rêver. Pourtant, nombre de ces découvertes ne sont que des redécouvertes de phénomènes déjà constatés il y a des siècles. Ce n'est qu'hier que la science moderne [...] a découvert que les forces qu'elle appelle la chaleur, le magnétisme, l'électricité, et ainsi de suite, pouvaient toutes se convertir en une force unique [...]. Pourtant, cette découverte est déjà présente dans les Samhita[196].

Suit un exposé de la cosmologie védique :

> L'unité dont proviennent [la gravitation, l'électricité, le magnétisme et d'autres forces] est appelée Prana. Une fois encore, qu'est-ce que le Prana ? Le Prana est le Spandana, ou vibration. Lorsque notre univers sera retourné à son état primordial, qu'adviendra-t-il de cette force infinie ? Pensent-ils donc qu'elle disparaîtra ? Bien sûr que non. Si elle disparaissait, comment la vague suivante pourrait-elle s'élever, puisque le mouvement s'accomplit par vagues successives, qui montent, descendent, remontent et redescendent encore ? [...] À la fin d'un cycle, tout devient de plus en plus impalpable, jusqu'à finir par être résorbé dans l'état primordial dont toute chose est issue [...]. Qu'advient-il alors de toutes ces forces, les Pranas ? Ils retournent au sein du Prana primordial, et ce Prana devient presque immobile, mais pas totalement. C'est cet état que décrit le Sukta védique : « Il a vibré sans vibrations » – Ânidavâtam[197].

---

195. Nanda (2003, p. 72).
196. Vivekananda (1970 [1897]. vol. 3, p. 389-399). Cet extarit provient d'une conférence intitulée « Le Vedanta », pronocée à Lahore le 12 novembre 1897.
197. Vivekananda (1970 [1897], vol. 3, p. 399).

Et cela continue sur des pages et des pages – mais, malheureusement, sans qu'on puisse trouver quoi que ce soit qui ressemble même vaguement aux équations de Maxwell sur l'électromagnétisme.

Certains intellectuels nationalistes hindous contemporains, dont beaucoup sont scientifiques ou ingénieurs de formation, ont poussé cet art jusqu'à un degré de raffinement encore plus élevé. Ainsi, Subhash Kak, professeur d'ingénierie électrique et informatique à la Louisiana State University, l'une des sommités intellectuelles de la diaspora nationaliste hindoue, prétend avoir découvert des « codes astronomiques » dans la description des autels d'offrandes rituelles qui figure dans le *Rig-Veda*. La méthode qu'il a employée, comme l'observe non sans humour Meera Nanda, « est manifestement improvisée pour la circonstance et ressemble à un cours de numérologie express[198] ». Plus grotesque encore, Raja Ram Mohan Roy affirme que « les Vedas sont un traité codé [...] de physique des particules et de cosmologie ». Ainsi, certains versets parlant d'animaux sauvages et domestiques seraient en réalité des allusions respectivement aux fermions et aux bosons ; des passages relatant la destruction de personnages à peau noire porteraient en réalité sur « l'anéantissement de l'antimatière » ; et la « forme à dix doigts » qui apparaît dans l'hymne appelé « Purusa » serait « la preuve incontestable que, dans la cosmologie védique, l'univers possède dix dimensions » exactement comme dans la théorie moderne des supercordes[199]. Comme le

---

198. Nanda (2003, p. 112). Pour les détails des calculs de Kak, voir Kak (1994), et Feuerstein, Kak et Frawley (1995, p. 201-208). Pour une critique de ces calculs, voir Plofker (1996), Witzel (2001, section 28) et Nanda (2003, p. 112-114).

199. Roy (1998, p. XII-XIII, 115, 56, 30-31). Dans la préface, Subhash Kak complimente Roy pour son « audacieuse réinterprétation du système de connaissance védique » (p. XV) et conclut : « Dans son livre, Roy présente une vision nouvelle et audacieuse de la physique védique. Roy est un pionnier, ce n'est donc pas le lieu ici d'ergoter sur les détails. Nous saluons la nouvelle voie qu'il a défrichée dans les antiques broussailles de la recherche. Il appartient aux futurs chercheurs d'affiner et d'amender les idées de Roy » (p. XVIII).

dit Nanda, cette méthode « annule toute distinction entre la science et la pensée par association, cette dernière étant la caractéristique principale de la magie[200] ».

Toutefois, l'objectif de l'Hindutva n'est pas simplement de revendiquer la primeur de l'invention de la science moderne, mais de montrer que la science « occidentale » est en réalité une version *inférieure* de la vraie science védique :

> Le fond du raisonnement des nationalistes hindous sur la science védique est on ne peut plus simple : tout ce qui est dangereux et faux dans la science moderne provient de la tradition sémitique monothéiste d'une pensée dualiste et « réductionniste » qui sépare l'objet du sujet, la nature de la conscience, et la connaissance du sujet connaissant. Tout ce qui est authentiquement universel et vrai dans la science moderne provient de la tradition hindoue d'une pensée « holiste » qui considère depuis toujours les objets de la nature et les sujets humains non comme des entités séparées mais comme des manifestations différentes de la même conscience universelle. Pour l'hindouisme non logocentrique, la réalité n'est pas objective, mais « omnijective », c'est-à-dire une construction commune de l'esprit et de la matière. Tandis que la science occidentale considère la nature comme de la matière morte, les sciences hindoues considèrent la nature comme le séjour sacré des dieux. C'est pourquoi les lettrés hindous affirment que les traditions comme le yoga, la méditation transcendantale et l'ayurvéda sont les sciences de l'avenir, car elles mettent la matière en accord avec « l'énergie cosmique » qui imprègne toute chose[201].

Évidemment, si le *Rig-Veda* comportait réellement des éléments d'astronomie moderne et de physique des particules élémentaires, on serait forcé de se poser certaines questions, que formule d'ailleurs Meera Nanda :

> Comment les sages védiques ont-ils acquis toutes ces connaissances de physique ? Quelle méthode employaient-ils ? Pour-

---

200. Nanda (2003, p. 115).
201. Nanda (2004).

quoi n'a-t-on retrouvé aucune trace matérielle attestant de la présence d'observatoires, aucun relevé d'observation ? Invariablement, on nous sert la même réponse : les sages védiques procédaient de manière « intuitive », ils « comprenaient par l'expérience » ou « percevaient directement [...] en un éclair » les lois de la nature en altérant leur état de conscience par la méditation yogique. *En se connaissant eux-mêmes, ils ont pu connaître le monde*[202].

Par exemple, l'un des défenseurs de la convergence entre la science et le Vedanta affirme que

> les doctrines spirituelles hindoues recèlent certaines intuitions profondes sur la nature ultime de la réalité [...]. Le message que les voyants hindous nous ont transmis n'est pas seulement profond, il révèle également certains aspects du cosmos et de la conscience. [...] Leurs assertions [... exprimaient] des certitudes vécues provenant d'une exploration incessante des zones les plus insaisissables du moi insondable. C'est pourquoi leur parole et leur enseignement ne doivent pas seulement être considérés comme une forme magnifique de mythopoésie, mais comme une série de découvertes sur les aspects translucides de l'univers matériel[203].

La méthode est expliquée plus en détail dans une autre œuvre majeure de l'Hindutva :

> La conception védique du monde reconnaît l'existence d'une relation intime entre le cosmique, le terrestre et le spirituel, qui s'exprime en termes d'équivalences. L'idée d'équivalence, essentielle à ce qu'on a appelé « la science initiatique », sous-entend que l'univers est un système dans lequel tout est lié [...]. Une idée reliée est que le macrocosme est reflété par le microcosme [... et que] l'être humain est une image en miroir du cosmos. [...] En *postulant* [c'est moi qui souligne] l'existence d'interconnexions et de similarités à travers la nature, ils [les penseurs védiques] purent avoir recours à la logique pour par-

---

202. Nanda (2003, p. 115), italique dans l'original. Subhash Kak, dans sa préface au livre de Roy, affirme explicitement : « En se connaissant, on peut connaître le monde ! » (Roy, 1998, p. XVI, exclamation dans l'original).
203. Raman (2002, p. 89-90).

venir à des conclusions extrêmement subtiles sur divers aspects de la réalité[204].

Comme le remarque Nanda, les raisonnements fondés sur des « correspondances et des équivalences » postulées mais non prouvées « entre diverses parties de la Création »

> constituent l'essence même des pratiques magiques [...] qui étaient aussi répandues en Europe avant la Réforme qu'elles le sont en Inde aujourd'hui. [...] En Occident, cette vision magique du monde a atteint son apogée à la Renaissance et a commencé à décliner avec la Réforme et la montée de la philosophie mécaniste au XVIIe siècle. Elle a connu un bref renouveau dans la théosophie et les écoles de biologie holiste du XIXe siècle et du début du XXe siècle, en particulier en Allemagne. Aujourd'hui en Occident, elle est le domaine réservé de groupes occultes marginaux[205].

Les tenants de l'Hindutva, du moins lorsqu'ils se donnent la peine de répondre à ces critiques, rétorquent que ce scénario est eurocentriste et en appellent implicitement à la prétendue incommensurabilité des paradigmes :

> La pensée scientifique occidentale [...] s'inspire des traditions de la pensée rationaliste grecque selon laquelle seul ce qui est à la portée des cinq sens peut être pris en compte. [...] Les méthodes scientifiques [...] suivent un raisonnement clos qui se protège de tous les faits qu'elles sont incapables d'expliquer. [...] Pour quelle autre raison pourraient-ils [les scientifiques] oser rejeter

---

204. Feuerstein, Kak et Frawley (1995, p. 197-198, 227), l'italique est de moi. Pour prouver que l'être humain est une image en miroir du cosmos, les auteurs ajoutent le commentaire suivant : « Les savants ayurvédiques ont fait l'étonnante découverte qu'il y avait autant d'os dans le corps humain que de jours dans l'année. Ils sont arrivés à ce chiffre en additionnant les 308 os du nouveau-né, nos 32 dents et nos 20 ongles » (p. 197). Fait encore plus étonnant à mon sens, cette méthode révèle que l'année comporte exactement 308 + 32 + 20 = 360 jours, et non 365,25636 (orbite sidérale) comme l'avaient naïvement cru les astronomes modernes jusqu'à aujourd'hui. Feuerstein *et al.* expliquent également que la théorie des correspondances et des équivalences est à la base d'autres sciences importantes, notamment l'astrologie (p. 211) et la médecine ayurvédique (p. 212-216).
205. Nanda (2003, p. 116).

le Jyotisha [l'astrologie védique], qui perçoit un niveau d'existence situé au-delà des cinq sens[206] ?

Un autre auteur va jusqu'à affirmer qu'en Inde toute contradiction entre la science et la religion est impossible :

> L'idée de « *contradiction* » a été importée il y a peu par ceux qui ont étudié en Occident, car la « science moderne » se figure arbitrairement qu'elle est seule à détenir le savoir et que ses méthodes sont les seules voies praticables de la connaissance, et cela ressemble fortement au dogmatisme sémitique dans la religion[207].

La solution réside par conséquent dans une « décolonisation de l'esprit indien » :

> Le mouvement du renouveau hindou se conçoit comme le chapitre culturel de la décolonisation de l'Inde. Autrement dit, il cherche à libérer les Indiens de la condition coloniale sur le plan mental et culturel, pour compléter le processus de décolonisation politique et économique[208].

C'est ici que nous prenons contact avec le postmodernisme et sa critique de l'objectivité transculturelle de la science moderne. En effet, certains idéologues de l'Hindutva ont ouvertement recours à une rhétorique postmoderne :

> Nous devons garder à l'esprit que des énoncés scientifiques alternatifs de validité égale peuvent cohabiter – tout comme cohabitent dans la médecine l'allopathie, l'homéopathie, l'ayurvéda, l'unani, l'acupuncture, etc. Dire que la science occidentale réductionniste et mécaniste est le seul mode de représentation de la réalité n'est pas justifiable[209].

D'autres évoquent de manière superficielle la philosophie contemporaine des sciences pour faire accepter d'« autres

---

206. Vasudev (2001). L'auteur est le rédacteur en chef d'*Astrological Magazine*. Cet article est paru dans *The Organiser*, une publication en langue anglaise du Rashtriya Swayamsevak Sangh (RSS), la principale organisation radicale du nationalisme hindou.
207. Mukhyananda (1997, p. 94), italique dans l'original.
208. Elst (2001, p. 10). L'auteur est un important sympathisant de l'Hindutva à l'étranger.
209. Mukhyananda (1997, p. 100).

modes de connaissance », comme l'introspection pratiquée dans le yoga :

> Selon le système du yoga et le système védique, la méthode scientifique n'est pas entièrement scientifique, ce qui signifie qu'elle n'est pas réellement objective et qu'elle ne peut pas nous apporter une connaissance de la réalité. [...] La méthode scientifique consiste à formuler une hypothèse, à inventer une théorie, puis à recueillir des données ou à faire des expériences afin de la prouver. Quelle que soit cette hypothèse, on trouve nécessairement des faits capables de la prouver[210].

(Si tel était le cas, les scientifiques n'auraient jamais à réviser leurs théories.)

> La science [moderne...] ne prend pas en compte le savoir accessible par l'introspection et les états de conscience supérieurs que cultivent les traditions spirituelles [comme l'hindouisme]. [...] Aujourd'hui, nous sommes souvent tentés de rejeter leurs systèmes de savoir ou leurs visions du monde comme autant de mythes. Ce faisant, nous omettons de reconnaître que nous aussi, dans notre quête de la connaissance objective, nous avons recours à des modalités intellectuelles qui ne sont pas toujours strictement rationnelles, comme l'ont montré des philosophes tels que Michael Polanyi et Paul Feyerabend[211].

(Les auteurs ne fournissent aucun détail sur cette question ; en particulier, ils omettent d'opérer la distinction cruciale

---

210. Frawley (1990, p. 20). Il va sans dire que la méthode scientifique consiste à recueillir des données ou à faire des expériences dans le but de *tester* une théorie (ou diverses théories concurrentes), non dans celui de la *prouver* ! En effet, certains philosophes (par exemple Karl Popper) ont avancé que l'essence de la méthode scientifique consistait à tenter de *falsifier* les théories. Frawley tente de justifier son extraordinaire assertion finale en arguant que, « comme Einstein l'a noté, c'est la théorie qui détermine la nature des faits et l'endroit où les chercher » (p. 20). Il s'agit là d'une simplification outrancière de l'idée d'Einstein. Il est incontestable que *certains* présupposés théoriques sont nécessaires pour transposer des données sensorielles brutes en faits présumés, mais ces présupposés n'ont nullement besoin d'inclure (et ne le doivent pas !) *la théorie particulière que l'on est en train de tester* ; de plus, ces présupposés peuvent s'il en est besoin être eux-mêmes soumis, du moins partiellement, à des tests expérimentaux indépendants. On trouvera une brève analyse de l'influence de la théorie sur l'observation notamment dans Sokal et Bricmont (1997, p. 65-66).
211. Feuerstein, Kak et Frawley (1995, p. 195).

entre le contexte de la découverte et celui de la justification. En principe, dans le processus idiosyncrasique d'invention d'une théorie scientifique, toutes les méthodes sont permises – la déduction, l'induction, l'analogie, l'intuition et même l'hallucination –, le seul vrai critère étant pragmatique. Toutefois, la justification de la théorie doit être rationnelle, sinon on aurait tout simplement cessé de pratiquer la science.)

Les créationnistes védiques Michael Cremo et Richard Thompson sont encore plus explicites sur leurs dettes intellectuelles :

> Nous ne sommes pas sociologues, mais notre démarche se rapproche par certains aspects de celle des praticiens de la sociologie de la connaissance scientifique comme Steve Woolgar, Trevor Pinch, Michael Mulkay, Harry Collins, Bruno Latour et Michael Lynch [...] [qui considèrent que] les conclusions des scientifiques ne correspondent pas à l'identique aux états et aux processus de la réalité objective naturelle, mais qu'elles reflètent tout autant, plus, voire beaucoup plus les processus sociaux réels qui conditionnent les scientifiques[212].

---

212. Cremo et Thompson (1993, p. xxiv). Les auteurs de ce volume de 950 pages ne font pas mystère de leurs objectifs :

> [Nous] sommes membres de l'Institut Bhaktivedanta, une branche de l'International Society for Krishna Consciousness qui étudie la relation entre la science moderne et la vision du monde exprimée dans la littérature védique. Cet institut a été fondé par notre maître spirituel, Sa Divine Grâce Bhaktivedanta Swami Prabhupada [...]. La littérature védique nous apprend que la race humaine est extrêmement ancienne. [...] [N]ous avons traduit la conception védique sous la forme d'une théorie qui postule que des êtres proches des humains et proches des grands singes ont longtemps coexisté (Cremo et Thompson, 1993, p. xxxvi).

Sept cent cinquante pages plus loin, ils concluent que, en effet, « des humains dont l'anatomie était moderne ont cohabité avec d'autres primates pendant des dizaines de millions d'années » (p. 750). Nanda remarque que :

> jusqu'à présent, cet antidarwinisme védique basé aux États-Unis ne s'est pas répandu en Inde. Le darwinisme n'y est d'ailleurs pas vraiment un sujet de controverse car il n'est jamais parvenu à détrôner la cosmologie hindoue. En Inde, le créationnisme prend la forme d'une tentative de revêtir les conceptions hindoues de la transmigration, du karma et du temps cyclique d'un vernis scientifique (Nanda 2003, p. 119).

Toutefois, il est intéressant de noter que certains partisans de l'Hindutva se déclarent ouvertement non relativistes[213] et soutiennent que les Vedas devraient constituer le fondement d'une science et d'une religion universelles :

> Aujourd'hui, nous avons besoin d'une philosophie, d'une science et d'une spiritualité assez profondes et assez ouvertes pour accueillir la civilisation mondiale émergente. Comme nous nous raccrochons de moins en moins aux expressions locales de l'esprit et de la culture, nous sommes inévitablement conduits à réfléchir, à l'instar de nos ancêtres, à la Réalité infinie, éternelle, et indivisible. [...] Ainsi, nous nous trouvons confrontés à la nécessité de créer une spiritualité mondiale qui transcende toutes les formes de connaissance et d'expérience religieuses ethnocentriques. [...] Les *Vedas* sont l'expression la plus ancienne de la philosophie éternelle, ou de la spiritualité universelle[214].

Quelle que soit leur position vis-à-vis du relativisme postmoderne, tous les idéologues de l'Hindutva se rejoignent sur deux principes centraux, tous deux décrétés de manière arbitraire : premièrement, l'introspection yogique, associée au raisonnement analogique, constitue une méthode valide pour obtenir des connaissances fiables sur le monde ; deuxièmement, le savoir scientifique, lorsqu'il est correctement interprété, ne peut en aucun cas entrer en contradiction avec les enseignements védantiques[215]. C'est ainsi que les

---

213. « Nous sommes arrivés à la conclusion qu'il n'y a qu'une science – que les lois de la science ne changent pas en fonction de l'évolution de nos opinions, de nos croyances, de nos cultures ou de nos coutumes. [...] De même, il n'existe qu'une Vérité, une Réalité à découvrir pour l'humanité. Il n'existe pas plusieurs Dieux ni plusieurs Vérités propres à chacune des religions du monde, pas plus qu'il n'existe plusieurs soleils ou plusieurs lunes propres aux astronomes de chaque pays » (Feuerstein, Kak et Frawley, 1995, p. 287). Notez également qu'Elst (2001, p. 8) condamne le postmodernisme et prétend « réinstaurer l'objectivité ».

214. Feuerstein, Kak et Frawley (1995, p. 274-275), italique dans l'original.

215. Voir par exemple Mukhyananda (1997, chapitre 5) pour les détails de cette assertion. Voir également Frawley (1990, p. 20-23) et Feuerstein, Kak et Frawley (1995, p. 217-228, 272-285), pour ne citer qu'eux.

nationalistes hindous tentent de « domestiquer » la science moderne : ils y prennent ce qui leur convient et ignorent ou réinterprètent le reste, immunisant par la même occasion la cosmologie hindoue traditionnelle contre les critiques empiriques. La conclusion demeure invariablement la même : « *La science occidentale moderne est une science partielle et non totale.* [...] Plus la science progresse, plus elle se rapproche des conclusions védantiques[216]. » « [S]elon la tradition védique, la science et la religion ne sont pas seulement compatibles, elles sont fondamentalement identiques, car toutes deux s'efforcent de découvrir la vérité[217]. »

Meera Nanda conclut en remarquant qu'il y a

> une ironie profonde à prétendre que le type de rationalité que l'on trouve dans des textes védiques vieux de trois millénaires soit à la hauteur de la méthode qu'utilisent les scientifiques d'aujourd'hui pour formuler et tester leurs hypothèses. S'il y a bien une caractéristique distinctive des sciences modernes, c'est qu'elles ont appris à prendre au sérieux les réfutations. Malgré les intérêts sociaux qui favorisent la conformité aux paradigmes dominants, et malgré l'attachement personnel des scientifiques à leur théorie préférée, la science moderne doit sa réussite phénoménale à l'institutionnalisation du scepticisme. Les paradigmes changent *vraiment*, les théories et les explications anciennes, même si c'est avec réticence et tardivement, sont *vraiment* mises au rebut lorsqu'elles sont confrontées à des données plus probantes, des théories plus simples, et des explications plus complètes et plus unificatrices[218].

La pseudoscience, en revanche, se contente de recycler des « sagesses ancestrales ».

---

216. Mukhyananda (1997, p. 92, 104), italique dans l'original.
217. Feuerstein, Kak et Frawley (1995, p. 279). Selon le même raisonnement, la technique de David Beckham et la mienne au football ne sont pas seulement compatibles, elles sont fondamentalement identiques, car nous nous efforçons tous les deux de marquer des buts.
218. Nanda (2003, p. 121), italique dans l'original.

POSTMODERNISME ET HINDUTVA :
UNE COMPARAISON

Quels sont les points communs et les différences entre les théoriciens « postcoloniaux » de gauche et les idéologues de droite de l'Hindutva ?

Une première différence est évidente : tandis que les tenants de l'Hindutva prétendent que la science moderne est un plagiat des idées védiques, les intellectuels « postcoloniaux » leur reprochent précisément de capituler devant des modes de pensée « occidentaux ». Or cette prétendue capitulation est plus apparente que réelle. En effet, comme le rappelle Meera Nanda, « les nationalistes hindous affirment que les Vedas ont anticipé la science moderne sans admettre qu'en réalité la science moderne contredit les fondements métaphysiques de la conception védique du monde[219] ». Toutes les découvertes de la science moderne qui remettent en question la métaphysique védique sont soit discrètement ignorées, soit attribuées aux préjugés matérialistes et monothéistes occidentaux. Les idéologues de l'Hindutva veulent le beurre et l'argent du beurre.

Une deuxième différence, plus subtile celle-là, concerne leurs positions sur le « choc des civilisations ». Les nationalistes hindous croient dur comme fer en l'existence d'une « vision du monde hindoue ». ou d'un « esprit hindou » éternels, intrinsèquement opposés à la vision du monde et à l'esprit « occidentaux » (ou encore « judéo-chrétiens » ou « sémitiques »). Les postmodernes, en revanche, sont heurtés par tout ce qui ressemble à de l'« essentialisme » ; la plupart d'entre eux font bien attention à « définir la subalternité ou la marginalité non en termes d'identité raciale, sexuelle ou nationale, mais en termes de "conscience oppositionnelle"

---

219. Nanda (2003, p. 158).

[...] ou de la possibilité de s'exprimer[220] ». Cependant, cette différence est moins importante qu'il n'y paraît, car les théoriciens postcoloniaux sont partisans d'« une utilisation *stratégique* d'un essentialisme positiviste lorsqu'il sert des objectifs politiques clairement définis[221] », ce qui implique une attitude qui, en pratique, ne se distingue pas fondamentalement de celle des nationalistes hindous[222].

Les théoriciens postcoloniaux et les intellectuels de l'Hindutva sont à peu de chose près d'accord sur un certain nombre de points essentiels. Premièrement, ils pensent que la décolonisation politique et économique doit être complétée par une décolonisation radicale des esprits. Les postcolonialistes, ainsi que les postmodernes et les tenants du constructivisme social qui les soutiennent en Occident, affirment que la science moderne, en dépit de ses prétentions à l'objectivité, n'est rien de plus que l'ethnoscience de l'Occident. Et ils appellent à la création de « sciences alternatives » fondées sur la redécouverte des « savoirs locaux » et des traditions culturelles indigènes[223]. Les nationalistes hindous les approuvent, tout en précisant que la décolonisation de l'esprit indien exige que la science soit « comprise à travers

---

220. Nanda (2003, p. 156). Si les poststructuralistes purs et durs sont particulièrement attentifs à éviter la moindre trace d'essentialisme, les néo-gandhiens et les écoféministes sont plus équivoques sur ce point. On trouve un exemple extrême d'essentialisme néo-gandhien dans un essai d'Ashis Nandy et Shiv Visvanathan (1990, p. 158) qui citent en l'approuvant un auteur selon lequel « charger des femmes de faire un travail d'homme est aussi stupide que de charger Beethoven ou Wagner de réparer un moteur ».

221. Spivak (1988, p. 13), italique dans l'original.

222. Voir Nanda (2003, p. 156-157) pour plus de détails sur ce point.

223. Chez leurs partisans occidentaux, Sandra Harding (1996, p. 21-22) est particulièrement représentative. Elle exhorte à la cohabitation de « représentations de la nature multiples, différentes et, par certains aspects, contradictoires ». Elle souligne que cela ne conduit pas au relativisme mais plutôt à « une épistémologie des marges qui valorise les conceptions particulières de la nature que les richesses des différentes cultures sont capables d'engendrer ». Elle n'explique pas les critères selon lesquels ces conceptions particulières sont censées se réconcilier si elles se contredisent, ce qui, de son propre aveu, risque d'être le cas.

des catégories hindoues. En accord avec les critiques post-coloniaux de la violence épistémique, les idéologues de l'Hindutva [...] considèrent toute évaluation scientifique des assertions empiriques formulées par les textes védiques comme un signe de colonialisme mental et d'impérialisme occidental[224] ». Nanda souligne bien que « c'est l'insistance sur la préservation des différences culturelles – plutôt que sur leur examen critique – qui rapproche les postcolonia-listes et l'Hindutva[225] ».

En outre, les postmodernes et les postcoloniaux contes-tent l'existence de critères universels de rationalité et d'éva-luation de preuves empiriques. Ils affirment que *toutes* les sciences sont des ethnosciences et que chaque ethnoscience doit être évaluée en fonction des critères en vigueur dans sa propre culture. On retrouve là l'un des préceptes centraux d'une grande partie des « études des sciences » (*science studies)* contemporaines, particulièrement de leur mouvance féministe, multiculturaliste et postcoloniale[226]. Les tenants de l'Hindutva, en revanche, sont divisés sur cette question. Certains penchent pour un nationalisme culturel et intellectuel tandis que d'autres défendent la validité universelle de la vision du monde hindoue. Si presque tous acceptent la vali-dité de la science moderne en tant que description partielle du monde, ils soulignent néanmoins que la science védique est infiniment supérieure à la science moderne, qu'elle englobe tout en la dépassant. (Les postmodernes purs et durs n'approuveraient pas cette revendication de supériorité. En revanche, pour des raisons que l'on va voir, les postcoloniaux et les écoféministes, plus romantiques, pourraient y adhérer.)

Enfin, de nombreux critiques postmodernes et féminis-tes de la science moderne déplorent surtout que la révolution

---

224. Nanda (2004).
225. Meera Nanda à l'auteur, 15 janvier 2004.
226. Pour une analyse détaillée de ce principe de « charité épistémique », voir Nanda (2003, chapitre 5).

scientifique du XVIIe siècle ait entraîné un désenchantement de la nature. Selon eux, la séparation « dualiste » entre l'esprit, ou Dieu, d'une part et la matière de l'autre, associée au réductionnisme scientifique, serait une « violence » perpétrée à la fois contre la nature et contre les femmes[227]. Cette thématique occupe une place centrale dans les travaux sur la science publiés par les auteurs postcoloniaux indiens, surtout chez Vandana Shiva. D'ailleurs, les théoriciens féministes, postcoloniaux et hindous appellent tous à substituer à la vision réductionniste du monde de la science « occidentale » une approche « holiste » – dont les détails, toutefois, sont invariablement laissés dans le vague. Les idéologues de l'Hindutva n'ont plus qu'à ajouter que l'interconnexion de toutes choses et l'immanence de l'esprit à la matière sont des préceptes centraux de la métaphysique védique, pour faire de cette dernière le fondement idéal d'une nouvelle science holiste[228].

Néanmoins, on aurait tort de penser que les nationalistes hindous se sont contentés de s'approprier les thèses des théoriciens postcoloniaux. Au contraire, comme l'observe Nanda :

> Les critiques postcoloniaux de la science et de la modernité n'ont fait que redécouvrir les argumeînts en faveur d'une science exclusivement indienne qui étaient connus depuis longtemps dans les cercles de droite. [...] Le plaidoyer relativiste de la droite en faveur d'une science mystique ne s'appuie pas sur Kuhn ou Feyerabend mais sur des idées nationalistes inspirées de Johann Herder et d'Oswald Spengler, selon lesquels chaque nation possède une « âme culturelle » et une « destinée » qui impriment leur marque sur chacune de ses créations intellec-

---

227. Dans les *sciences studies* occidentales, les affirmations de ce type remontent au moins à Carolyn Merchant (1980).
228. Voir Nanda (2003, p. 95-103) pour plus de détails sur ce point. Comme l'observe Nanda (2004) : « La plupart des revendications de supériorité du "holisme" ne sont pas solidement argumentées. Lorsqu'on y regarde de plus près, on s'aperçoit qu'elles débouchent sur des pseudosciences qui impliquent l'action d'esprits désincarnés sur la matière selon des mécanismes qui ne sont jamais élucidés. »

tuelles, de la musique à la peinture et jusqu'à la science. Remplacez « culture » par « paradigme », et vous verrez que la droite était kuhnienne bien avant Kuhn[229].

Nanda conclut que :

> Les trois fronts sur lesquels se déploie le projet scientifique védique – la critique de la science dualiste, l'idée que les critères de la rationalité sont internes à chaque culture, et que la rationalité de la science moderne est aussi ancrée dans la société et déterminée par la culture que n'importe quel autre système de savoir – correspondent chacun à une partie du dogme central des « études des sciences » [*science studies*], des « études féministes » [*women's studies*] et des « études postcoloniales » actuelles [...]. L'idée que les sciences prémodernes, non occidentales, n'ont rien à apprendre de particulier de la science moderne, et que ce qui est considéré comme rationnel et réel varie au gré du contexte culturel fait aujourd'hui partie des lieux communs de la pensée universitaire postmoderne. Les défenseurs des sciences védiques comptent sur ce relativisme culturel diffus et largement répandu pour gagner des sympathisants[230].

DES IDÉES DANGEREUSES

En définitive, la théorie des idéologues de l'Hindutva selon laquelle la science moderne serait contenue dans les Vedas est à peu près aussi plausible que celle qui est exposée dans *La Bible, le code secret*, un best-seller paru en 1997 qui prétend que les événements du futur seraient inscrits sous forme cryptée dans l'Ancien Testament[231]. Tout cela prêterait

---

229. Meera Nanda à l'auteur, 14 janvier 2004.
230. Nanda (2003, p. 122).
231. *La Bible, le code secret* (Drosnin, 1998) a figuré sur la liste des best-sellers du *New York Times* (dans la catégorie « essais » et non « œuvres de fiction » !) pendant treize semaines entre juin et septembre 1997, et a même occupé un temps la troisième place. Les premières théories postulant un cryptage des événements futurs dans le livre de la Genèse sont décrites dans Witztum, Rips et Rosenberg (1994). Pour leur réfutation, voir McKay, Bar-Natan, Bar-Hillel et Kalai (1999), voir également l'introduction dans Kass (1999).

à rire si la situation réelle – destruction de la mosquée d'Ayodhya par une foule d'hindouistes déchaînée, pogromes récurrents contre les musulmans et d'autres minorités religieuses, possibilité d'une confrontation nucléaire entre l'Inde et le Pakistan – n'était pas si grave. Comme Nanda l'observe à propos de la mode de la « science védique » : « Quel que soit leur effet positif sur l'orgueil national, ces affirmations ne parviennent pas à dissimuler que la population indienne demeure embourbée dans une vision du monde profondément irrationnelle et objectivement fausse[232]. »

Par manque de place et de compétence, je n'ai pas abordé le contexte historique et politique qui a présidé à la montée de l'idéologie nationaliste hindoue, mais peut-être que quelques mots sur le sujet s'imposent. Nanda démontre de manière convaincante que le meilleur moyen de penser le nationalisme hindou est de le considérer comme une forme de « modernisme réactionnaire », expression qu'elle emprunte à la célèbre étude de Jeffrey Herf sur la modernité non libérale qui caractérisait l'Allemagne nazie, et qui désigne

> l'adoption enthousiaste de la technologie moderne par des penseurs allemands qui rejetaient la rationalité des Lumières. [...] Avant et après la prise de pouvoir nazie, un important courant de pensée conservateur, relayé par le nazisme, prônait la réconciliation entre l'antimodernisme, le romantisme et l'irrationalisme du nationalisme allemand et la rationalité fonctionnaliste la plus manifeste, à savoir la technologie moderne. Le modernisme réactionnaire est un idéaltype. [...] [I]l incorporait la technologie moderne au système culturel du nationalisme allemand sans entamer en rien ses aspects romantiques et irrationnels[233].

De même, explique Nanda, les nationalistes hindous aspirent « au *dharma* [la loi divine] et à la bombe, [...] à une époque où l'Inde aura des missiles nucléaires dans ses arsenaux et

---

232. Nanda (2003, p. 72).
233. Herf (1984, p. 1-2).

enseignera les Vedas dans ses écoles[234] ». Elle avance également que

> les facteurs sociaux qui ont engendré ce phénomène sous la république de Weimar et le IIIe Reich – c'est-à-dire « l'industrialisation capitaliste sans révolution bourgeoise réussie [et] une faible tradition de libéralisme politique et de rationalisme » – sont présents [aujourd'hui] dans de nombreuses régions du monde en voie de développement, notamment en Inde. Dans ces conditions, le risque de voir resurgir les cauchemars du fascisme ne peut être ignoré[235].

Certes, les intellectuels « postcoloniaux » n'approuvent pas les aspects chauvins et intolérants du nationalisme hindou et ils ne peuvent pas être tenus pour responsables de son ascension. Néanmoins, comme Nanda l'a montré, leur dénonciation de la science moderne et leur défense des « savoirs locaux » ont été pain bénit pour les idéologues de l'Hindutva, dans la mesure où elles ont sapé toute possibilité d'opposition cohérente à la pseudoscience védique et plus généralement à la vision du monde védique. « Quelles raisons peuvent-ils encore invoquer pour s'élever contre la prétendue scientificité de l'astrologie védique ? Peuvent-ils soutenir leur position relativiste qui considère toutes les sciences comme des constructions sociales et s'opposer en même temps à la transformation des Vedas en science par les théoriciens védiques[236] ? »

Ce qu'il faut conclure de tout cela, c'est que les débats philosophiques abstraits peuvent avoir des conséquences concrètes dans la vie quotidienne. Parlant de l'engouement récent pour le *vastu shastra*, les règles védiques ancestrales qui déterminent comment les immeubles doivent être construits afin de les aligner avec la « force vitale » cosmique, Nanda relate l'anecdote suivante :

---

234. Nanda (2003, p. 37, voir également p. 39-42).
235. Nanda (2003, p. 7), citant partiellement Herf (1984, p. 6).
236. Nanda (2004).

N.T. Rama Rao, feu le Premier ministre de l'État d'Andhra Pradesh, au sud de l'Inde, avait fait appel à un *Vastu Shastri* traditionnel pour l'aider à sortir d'une mauvaise passe politique. Ce dernier lui a dit que ses ennuis disparaîtraient s'il entrait dans son bureau par une porte orientée vers l'est. Malheureusement, à l'est de son bureau, il y avait un bidonville par lequel sa voiture ne pouvait pas passer. [Il a donc] ordonné que le bidonville soit rasé[237].

Nanda observe que

si la gauche indienne était aussi active au sein des mouvements de science pour le peuple qu'autrefois, elle aurait mené une lutte non seulement contre la démolition de ces habitations, mais aussi contre la croyance superstitieuse utilisée pour la justifier. [...] Un mouvement de gauche qui n'aurait pas été aussi soucieux d'établir le « respect » des savoirs non occidentaux n'aurait jamais permis aux détenteurs du pouvoir de se cacher ainsi derrière des « experts » indigènes[238].

Il ne s'agit là que d'un exemple mineur, le fond du problème est que

les postmodernes occidentaux pouvaient au moins considérer l'hégémonie des idées modernes, progressistes pour la plupart, comme établie, les critiques postcoloniaux en revanche ont condamné la modernité avant même qu'elle ait eu le temps de s'enraciner dans leurs sociétés. [...]
Compte tenu de la modernité incomplète qui caractérise l'Inde actuelle, la critique tous azimuts de la modernité que pratiquent les intellectuels postmodernes équivaut à une trahison de leur mission. Cette trahison est partiellement responsable de la montée de la modernité réactionnaire orchestrée par les partis nationalistes hindous à laquelle on assiste actuellement en Inde. Les humanistes de gauche ayant adopté un programme nativiste et antirationaliste fondé sur des théories postmodernes prétentieuses, il ne reste quasiment plus aucune résistance organisée aux nationalistes hindous. Je ne nie pas que les intellectuels de gauche laïcs ont mené un combat courageux contre les politiques d'endoctrinement culturel et de nettoyage ethnique des nationa-

---

237. Nanda (1997, p. 82).
238. Nanda (1997, p. 82).

listes hindous. Cependant, il nous manque une conception du monde laïque convaincante capable de mobiliser l'opinion populaire et qui ne craigne pas de contredire la prétendue « sagesse » des traditions populaires. [...] Les nouveaux mouvements sociaux de la gauche intellectuelle laïque indienne courent le risque de s'égarer dans une guerre purement stratégique contre la droite religieuse et de perdre la bataille des cœurs et des esprits[239].

Écologie et histoire postmodernes ?

> La culpabilité ou l'innocence de l'accusé dans un procès pour meurtre se détermine par l'examen de bonnes vieilles preuves positivistes, pourvu que de telles preuves soient disponibles. Si un lecteur innocent se retrouve sur le banc des accusés, il aura tout intérêt à utiliser ce type de preuves. Ce sont les avocats des coupables qui se rabattent sur une ligne de défense postmoderne.
>
> Eric HOBSBAWM, *On History* (1997, p. viii).

Passons maintenant à quelques autres cas où les partisans d'une recherche de qualité douteuse ont eu recours à des arguments postmodernes soit lorsque la fiabilité de leurs preuves était contestée, soit de manière préventive. Contrairement aux exemples précédents, de pratiques situées à droite de la Figure 1 (l'astrologie, le toucher thérapeutique, et ainsi de suite), il s'agira ici de recherches en sciences de la nature ou en sciences sociales qui se sont égarées sur des voies de traverse. Évidemment, proposer une théorie scientifique qui s'avère erronée au terme d'un examen approfondi n'est en rien un péché. Cela m'est d'ailleurs arrivé à de nombreuses occasions. Le seul mal est de s'accrocher obstinément à une théorie lorsque les preuves de son inexactitude

---

239. Nanda (2003, p. 28).

deviennent si évidentes que n'importe quelle personne sensée l'admettrait et passerait à autre chose. Hélas ! il s'agit là d'un travers ancien et persistant, dont même les meilleurs scientifiques ne sont pas à l'abri[240]. Ce qui est peut-être nouveau, c'est la tendance récente à recourir à des arguments postmodernes, du moins dans certains milieux, dans le but de rationaliser ce mal.

L'ÉCOLOGISME RADICAL

Dans un article intitulé « La philosophie écologiste radicale et l'offensive contre la raison », le géographe Martin Lewis a montré comment certains écologistes radicaux ont eu recours au postmodernisme pour sauver certaines de leurs théories préférées dont les fondements empiriques étaient devenus branlants. Je suivrai ici les grandes lignes du raisonnement de Lewis, sous une forme condensée et, j'en conviens, schématique. Je renvoie le lecteur à l'article original où il

---

240. Il y a près de quatre siècles, Francis Bacon écrivait :

> Les hommes s'attachent avec passion à des savoirs ou des pensées particuliers, soit parce qu'ils s'en croient les auteurs et les inventeurs, soit parce qu'ils leur ont consacré beaucoup d'études et donc s'y sont habitués.

Ou encore :

> L'entendement humain, une fois fixé sur certaines idées – soit parce qu'il s'agit de croyances acceptées, soit parce que l'idée lui plaît –, oblige tout le reste à les étayer et à les confirmer ; si fortes et nombreuses que soient les instances contraires, il ne les prend pas en compte, les méprise, ou les écarte et les rejette par des distinctions qui conservent intacte l'autorité accordée aux premières conceptions, non sans une présomption grave et funeste.

Bacon 1986 [1620], p. 117 (aphorisme 54) et p. 113 (aphorisme 46). Heureusement, l'organisation sociale de la communauté scientifique moderne – qui dans la plupart des cas permet de mener des débats relativement ouverts, au cours desquels même les idées des grands scientifiques peuvent être remises en cause – fait que la communauté scientifique *en tant qu'ensemble* est plus objective que n'importe lequel de ses membres pris individuellement. Pour une analyse plus approfondie de ce point, voir Haack (1998, p. 97-99 et 104-109).

pourra trouver des données factuelles plus détaillées ainsi que de nombreuses nuances importantes.

La critique de Lewis porte sur une école de pensée qu'il appelle « philosophie écologiste radicale » ou « écoradicalisme ». « La plupart des écoradicaux pensent que pendant des millénaires, les êtres humains ont vécu dans un état de grâce écologique, comme une espèce parmi une multitude d'autres, au sein d'un écosystème planétaire équilibré et harmonieux[241]. » La révolution industrielle aurait brisé cet équilibre, nous menant aujourd'hui au bord de l'effondrement écologique. « La mission de l'écophilosophie » résume Lewis, « est d'expliquer comment une rupture aussi totale a pu avoir lieu, et surtout de montrer comment cet équilibre peut être rétabli à temps pour sauver la planète de la destruction. [...] L'erreur fatale qui serait à l'origine de cette rupture est souvent imputée à l'idéologie, en particulier aux conceptions de la nature et à la place qu'y occupe l'homme[242]. » Toutefois, les théoriciens écoradicaux divergent sur la nature de ce faux pas intellectuel désastreux. « Pour de nombreux écophilosophes radicaux, la grande erreur n'est rien d'autre que le culte de la raison apparu en Europe au début de l'ère moderne, dont l'apogée a été la méthodologie scientifique moderne[243]. » D'autres font remonter le tournant fatidique à Platon, au livre de la Genèse, voire à l'apparition de l'agriculture au néolithique.

Lewis souligne qu'au début

l'offensive écoradicale contre la raison et la science [présentait] toutes les caractéristiques d'un débat raisonné. On a examiné des données historiques, postulé des connexions plausibles entre

---

241. Lewis (1996, p. 210).
242. Lewis (1996, p. 210).
243. Lewis (1996, p. 211). Cette idée, lancée notamment par Carolyn Merchant (1980), est devenue un lieu commun non seulement chez les écologistes radicaux, mais aussi chez beaucoup de féministes. On trouve des théories similaires chez Easlea (1981), Shiva (1989), Plumwood (1993, 2002) et bien d'autres.

> l'évolution de la philosophie, de la science, de la technologie et
> de l'économie [...]. Les écophilosophes ont également cherché à
> confirmer leur théorie d'une harmonie écologique prémoderne
> en étudiant des données archéologiques et anthropologiques.
> Par ailleurs, ils ont tenté d'appuyer l'ensemble de leurs postulats
> théoriques sur la science de l'écologie[244].

Le problème, poursuit Lewis, c'est qu'« entre-temps un examen plus approfondi de ces arguments a discrédité les thèses principales de la philosophie écoradicale. Les racines de la société moderne sont bien plus enchevêtrées et leurs ramifications bien plus nombreuses qu'ils ne veulent bien le penser, et l'on sait aujourd'hui que le monde prémoderne était bien moins bénin qu'on ne le pensait, tant d'un point de vue écologique que d'un point de vue social[245] ». Ainsi,

> si la torture des animaux, l'oppression des femmes par les hommes et la dévastation (locale) de l'environnement n'étaient peut-être pas universellement répandues, elles n'en demeuraient pas moins assez fréquentes un peu partout. Même au paléolithique supérieur [...] de nombreuses données indiquent que les êtres humains de cette époque sont responsables de l'extinction de dizaines d'espèces de grands mammifères[246].

Finalement, « même l'écologie scientifique a abandonné les Verts, car elle privilégie aujourd'hui des dynamiques écologiques dominées par des flux continus et des modes de répartition irréguliers, et non plus l'idée d'écosystèmes stables et cohérents qui sous-tendait autrefois la conception d'une harmonie ancestrale entre les hommes et la nature[247] ».

Comment les écophilosophes peuvent-ils réagir ?

---

244. Lewis (1996, p. 217).
245. Lewis (1996, p. 217-218).
246. Lewis (1996, p. 215). Les données actuelles ne permettent pas d'affirmer avec certitude que la disparition de certains grands mammifères au paléolithique aux Amériques et en Australie est due à la chasse pratiquée par l'homme, à des changements climatiques et écologiques ou à l'association de ces deux facteurs (voir par exemple Bogucki, 1999, p. 102-104). Je remercie Arne Jarrick d'avoir attiré mon attention sur ces questions.
247. Lewis (1996, p. 218).

> En principe, de telles difficultés empiriques et théoriques devraient entraîner une crise de confiance et une remise en question des présupposés initiaux. Mais les écoradicaux s'accrochent souvent à leurs convictions avec une ferveur religieuse, car pour eux, c'est l'existence même de la vie sur terre qui est en jeu [...]. Dans la mesure où leur conception du monde est de type religieux, elle est hermétique à toutes les preuves susceptibles de contredire les principes sur lesquels elle repose[248].

Néanmoins, poursuit Lewis,

> la philosophie écologiste n'est religieuse qu'en partie, car elle est aussi une recherche. En tant que chercheurs, les penseurs écologistes sont tenus d'affronter les problèmes factuels évoqués plus haut. C'est ici qu'intervient le postmodernisme : il leur fournit un moyen idéal d'échapper à leur dilemme[249].

« L'attrait principal que présente l'adoption d'une position postmoderne », remarque Lewis, tient au fait qu'elle

> élimine l'encombrante nécessité d'une confirmation empirique. Dans les versions les plus extrêmes [du postmodernisme], la notion de preuve tout comme les règles de la logique sont considérées comme une simple construction sociale que les détenteurs du pouvoir utilisent pour conserver et justifier leur position. De ce fait, il devient possible de soutenir que les scénarios du passé humain engendrés par l'imagination fertile des écoradicaux [...] sont tout aussi légitimes que les théories des archéologues professionnels et d'autres « scientifiques » emprisonnés dans les méandres du discours objectiviste. On peut même soutenir que les premiers sont plus légitimes à cause de leur autorité morale, car dans l'univers postmoderne, l'éthique ne doit pas être séparée des questions « factuelles ». Dans cette logique, les problèmes posés par la nouvelle écologie peuvent tout simplement être ignorés. Puisque les écologistes ne font en tout cas que construire leurs propres scénarios sur la nature, on est en droit de considérer ceux qu'on peut lire actuellement dans les revues scientifiques comme suspects, car ils pourraient être utilisés pour justifier un programme moderniste de changements environnementaux imposés par l'homme[250].

---

248. Lewis (1996, p. 218).
249. Lewis (1996, p. 218).
250. Lewis (1996, p. 218).

Dans cet ordre d'idées, l'écophilosophe féministe Carolyn Merchant affirme que

> la science n'est pas un processus qui mènerait à la découverte des vérités ultimes de la nature, mais une construction sociale qui change au fil du temps. Les présupposés admis par les scientifiques sont déterminés par des valeurs et reflètent leur position dans l'histoire et dans la société [...]. L'écologie, de même, est une science socialement construite dont les présupposés fondamentaux et les conclusions évoluent en fonction des priorités sociales et des métaphores socialement acceptées[251].

Le géographe David Demeritt va même jusqu'à exhorter les « historiens de l'environnement et autres critiques écologistes [à] renoncer à leur quête d'une autorité fondatrice, que ce soit dans la science ou ailleurs, et [à] s'appuyer plutôt sur divers critères moraux, politiques et esthétiques pour évaluer des représentations de la nature données dans des situations données ». Demeritt ne rejette pas pour autant « les emprunts à l'écologie scientifique ou à d'autres champs du savoir lorsqu'ils s'avèrent utiles et convaincants », mais souligne qu'« en dernière analyse les narrations écologistes ne trouvent pas leur légitimation dans les hautes sphères de la philosophie des fondements de la connaissance, mais dans celle plus accessible et plus troublée du débat public[252] ». Il ressort de tout cela, comme l'ont observé Paul Gross et Norman Levitt, que, « d'un point de vue pratique, les théoriciens radicaux sont libres d'accepter ce qui confirme leur vision du monde et de rejeter ce qui la contredit[253] ».

Lewis ajoute une mise en garde :

> On commettrait une grave erreur en concluant que le postmodernisme et la philosophie écoradicale partagent les mêmes préoccupations, voire que les deux mouvements ont en quelque sorte fusionné. La plupart des philosophes écologistes éprouvent

---

251. Merchant (1992, p. 236).
252. Demeritt (1994, p. 22).
253. Gross et Levitt (1994, p. 165).

une méfiance profonde à l'égard du courant postmoderne derridien-foucaldien classique [...]. Le postmodernisme radical est bien trop relativiste et sceptique aux yeux des Verts. Tandis que les poststructuralistes condamnent la recherche d'un « signifié transcendantal », qu'ils considèrent comme une quête chimérique, les écoradicaux aspirent non seulement à isoler un « signifié transcendantal » qu'ils identifient à la nature, mais proposent littéralement de lui vouer un culte. [...] Rejetant le pastiche, la superficialité et le scepticisme détaché qu'affectionne l'avant-garde intellectuelle, la plupart des écoradicaux cherchent à réaffirmer des valeurs religieuses ou quasi religieuses fondées sur une écologie spiritualisée[254].

Leur recours au postmodernisme, quoique relativement fréquent, demeure donc épisodique et opportuniste.

Lewis conclut de la manière suivante :

En propageant l'idée que la science n'est pas plus fiable que le chamanisme, et surtout en soutenant que la raison elle-même est la cause première de la crise écologique que nous traversons, les philosophes écologistes ne contribuent guère à améliorer les capacités du grand public à réfléchir clairement sur le monde et ses problèmes bien réels. Le culte de la terre-esprit a peut-être des effets psychologiques bénéfiques sur certains individus, mais, sur le plan sociétal, il est symptomatique d'une dangereuse tendance à refuser d'affronter la réalité[255].

L'HISTOIRE

L'historien suédois Arne Jarrick a observé que les historiens postmodernes ne témoignent pas d'un relativisme systématique : ils rejettent sans difficulté, du moins en privé, la croyance aux sorcières et aux trolls ainsi que la conception créationniste des origines de l'espèce humaine. En outre, lorsqu'ils entreprennent des recherches empiriques – comme le font d'ailleurs au moins les postmodernes les plus modérés –,

---

254. Lewis (1996, p. 219).
255. Lewis (1996, p. 220).

ils procèdent de la même manière que n'importe quel autre historien, en rassemblant des données et en s'efforçant de défendre leurs interprétations au moyen d'arguments rationnels. Néanmoins,

> même si, dans leurs tâches quotidiennes, la plupart des historiens partent du présupposé qu'il est réellement possible de s'attaquer aux événements concrets du passé, la rhétorique postmoderne encourage une certaine irresponsabilité dans la pensée et les méthodes de travail, dans les situations où une telle irresponsabilité s'avère plus profitable. [...] Lorsqu'on ne parvient pas à démontrer la validité de son hypothèse, on peut toujours se reposer sur l'idée que la recherche historique est en tout cas une sorte de narration ou de fiction. Lorsqu'un document ne livre pas les confirmations que l'on espérait, on peut toujours les y insérer. Après tout, selon les historiens postmodernes, n'est-ce pas ce que nous faisons tous ? Nous nous inscrivons nous-mêmes dans nos textes, ainsi que notre époque. Tordre un peu la vérité n'est peut-être pas si grave, puisque, de toute manière, la vérité n'existe pas[256].

Dans le même ordre d'idées, l'historien britannique Eric Hobsbawm s'est élevé avec éloquence contre

> la mode intellectuelle « postmoderne » qui s'est répandue dans les universités occidentales, particulièrement dans les départements de littérature et d'anthropologie, qui prétend que tous les « faits » prétendus objectifs ne sont rien d'autre que des constructions intellectuelles, et suggère, en somme, qu'il n'y a aucune différence claire entre les faits et la fiction. Pourtant, il y en a une, et pour les historiens, même pour les plus farouches adversaires du positivisme, la distinction entre les deux est absolument essentielle[257].

Hobsbawm montre ensuite comment un travail historique rigoureux permet de réfuter les fictions propagées par les nationalistes réactionnaires en Inde, en Israël, dans les Balkans et ailleurs, et en quoi l'attitude postmoderne nous laisse démunis face à ces menaces.

---

256. Jarrick (2003).
257. Hobsbawm (1993, p. 63).

Au cours des dix dernières années, on a beaucoup débattu, parmi les historiens portés sur la réflexion théorique, des avantages et des inconvénients que présentent les idées postmodernes (au sens large) pour l'historiographie[258]. En outre, certains historiens ont publié des études de cas dans lesquelles ils analysaient la manière dont leurs collègues d'orientation postmoderne utilisaient les données[259]. N'étant pas historien de formation, je ne suis pas compétent pour prendre parti dans ces controverses sur l'interprétation

---

258. Des essais pertinents sur cette question sont rassemblés dans Jenkins (1997). Parmi l'abondante littérature consacrée au postmodernisme dans l'historiographie, on peut citer Evans (1997) et Zagorin (1999) dont les analyses sont particulièrement éclairantes et judicieuses et qui comportent tous deux des références très complètes aux recherches antérieures. Voir également la réponse de Jenkins (2000) à Zagorin et la réplique de ce dernier (2000).

Les livres d'Appleby, Hunt et Jacob (1994) et Windschuttle (1997) sont également très intéressants, bien qu'ils souffrent, à mon sens, de défauts étrangement complémentaires. Ainsi, Appelby-Hunt-Jacob sont malheureusement un peu superficielles et confuses dans leur traitement de l'épistémologie de la science (chapitre 5), ce qui les conduit à accorder trop de crédit à des critiques peu convaincantes de la science. Par conséquent, elles sont trop clémentes avec le postmodernisme (bien que leur livre s'ouvre et se referme sur un plaidoyer énergique pour l'importance de la vérité dans la recherche historique). L'analyse de la philosophie des sciences de Windschuttle (chapitre 7) est plus détaillée et plus solide, mais il finit par s'enliser dans l'idée indéfendable que la science cherche (et trouve, dans certains cas) non seulement un savoir objectif fondé, mais la *certitude*. De ce fait, il expédie assez rapidement certaines idées légitimes (par exemple, des versions modérées de l'idée d'une influence de la théorie sur l'observation) qui jettent le doute sur certains concepts classiques de la philosophie des sciences (le positivisme logique, la falsification poppérienne) mais ne remettent nullement en question l'objectivité de la démarche scientifique dans son ensemble. Pour mes propres opinions sur la question, voir Sokal et Bricmont (1997, chapitre 4) et Bricmont et Sokal (Appendice B dans ce livre).
259. La monographie de Spitzer (1996) est édifiante. Il démontre que même les postmodernes purs et durs (par exemple Derrida) mettent entre parenthèses leur philosophie déclarée et argumentent sur la base de *faits* (qu'ils accusent leurs opposants de *déformer* et de *présenter sous un jour mensonger*) lorsque des questions qu'ils considèrent comme importantes sont en jeu.

Il existe de nombreux ouvrages qui analysent les histoires de la folie, de la médecine, du système carcéral et des idées selon Foucault : voir par exemple Huppert (1974), Midlefort (1980, 1990, 1994, 1999), Megill (1987), Porter (1987, 1990), Gordon (1990), Scull (1990, 1992), Gutting (1994a, 1994b) et Jones et Porter (1994), pour des points de vue divers sur la question. Plusieurs chapitres

historique. Toutefois, si ces critiques ont raison, les craintes de Jarrick ont été confirmées, il arrive réellement que la rhétorique postmoderne serve de paravent à des recherches bâclées et à des interprétations douteuses.

Le scepticisme sélectif du postmodernisme

> Mon but en écrivant ce livre n'est pas simplement de rectifier des erreurs d'interprétation. D'une manière plus générale, je vise nos contemporains qui, prenant leurs désirs pour des réalités, se sont approprié des conclusions issues de la philosophie des sciences et les ont mises au service de toute une série de causes socio-politiques qui n'ont rien à voir. Des féministes, des champions de la religion (notamment ceux qui pratiquent l'étude « scientifique » de la Création), des militants de la contre-culture, des néoconservateurs, et tout un convoi de compagnons de route étranges ont trouvé un filon inestimable dans les idées d'incommensurabilité et de sous-détermination des théories scientifiques. Le remplacement de l'idée que les faits et les preuves comptent par la thèse selon laquelle tout se résume à une question d'intérêts et de perspectives subjectives est la manifestation la plus patente et la plus pernicieuse – hormis les campagnes politiques américaines – de l'anti-intellectualisme à l'heure actuelle.
>
> Larry LAUDAN, *Science and Relativism* (1990b, p. x).

À première vue, il peut sembler curieux que les postmodernes, qui se targuent pourtant d'étendre leur scepticisme jusqu'aux principes les mieux établis de la science traditionnelle, témoignent d'une certaine sympathie pour une ou plu-

---

de Windschuttle (1997) sont consacrés à une analyse détaillée d'exemples de recherches historiques de tendance postmoderne ; ses critiques sont souvent tranchantes (du moins en ce qui concerne l'histoire du Pacifique). Voir également Hobsbawm (1990), Spiegel (2000) et Jarrick (2003) pour une analyse d'exemples précis de travaux historiques influencés par le postmodernisme.

sieurs pseudosciences, voire d'une croyance en elles. Après tout, nombre de leurs arguments – l'influence de la théorie sur l'observation, par exemple, ou le caractère prétendument non référentiel du langage – sont *universels* par nature : s'ils sont valides, ils s'appliquent autant à l'astrologie ou à l'homéopathie qu'à la théorie électromagnétique de Maxwell. Cependant, lorsqu'on y regarde de plus près, la sympathie des postmodernes pour les pseudosciences devient moins étrange. La méthode scientifique, pour ceux qui l'emploient, joue essentiellement le rôle de *filtre* qui permet de séparer les propositions vraies des propositions fausses, les propositions plausibles de celles qui ne le sont pas et, d'une manière plus générale, d'évaluer les propositions et les théories selon le degré de justification rationnelle dont elles jouissent à la lumière des preuves actuellement disponibles. En supprimant ou en affaiblissant ce filtre – par exemple en niant la *possibilité même* d'une évaluation raisonnablement objective de ce niveau de justification –, non seulement on laisse échapper la science traditionnelle, mais on ouvre aussi la porte à la pseudoscience. De plus, en amoindrissant le rôle des critères cognitifs dans l'évaluation des théories, on permet à des considérations sociales, politiques et psychologiques de prendre la première place. Ce mécanisme nous induit à considérer avec bienveillance les théories qui semblent soutenir nos buts politiques ou personnels, ou dont les partisans, d'une manière ou d'une autre, nous sont sympathiques ; nous jetons au contraire un œil sceptique sur les théories que nous jugeons politiquement incorrectes ou tout simplement déplaisantes, ou dont les partisans nous paraissent antipathiques[260]. De cette façon, nous sommes amenés à utiliser les arguments postmodernes, pourtant universels d'un point de vue logique, principalement contre les théories antipathiques.

---

260. La féministe postmoderne Kelly Oliver (1989, p. 146) a ouvertement défendu cette politisation de la science :

La plupart des auteurs examinés dans cette section ne sont pas des postmodernes purs et durs. Il serait plus adéquat de qualifier leurs positions de « postmodernisme allégé ». Il n'en reste pas moins que leurs idées, fortement inspirées du constructivisme social, correspondent relativement bien à ma définition du postmodernisme :

> un courant intellectuel caractérisé par le rejet plus ou moins explicite de la tradition rationaliste des Lumières, par des élaborations théoriques indépendantes de tout test empirique, et par un relativisme cognitif et culturel qui traite les sciences comme des « narrations » ou des constructions sociales parmi d'autres.

Poussés dans leurs retranchements, ces auteurs avoueraient sans doute qu'ils ne considèrent pas la science comme *rien de plus* qu'une narration, et admettraient peut-être même que la science moderne constitue le meilleur outil de prédiction et de contrôle du monde naturel conçu à ce jour. Cependant, ils refuseraient avec la dernière énergie de reconnaître que les théories scientifiques sont plus proches de la *vérité* que leurs concurrentes non scientifiques, ou même qu'elles présentent un niveau supérieur de

---

[...] pour être révolutionnaire, la théorie féministe ne peut prétendre décrire ce qui existe, ou des « faits naturels ». Au contraire, les théories féministes doivent être des outils politiques, des stratégies conçues pour vaincre l'oppression dans des situations concrètes bien définies. Par conséquent, l'objectif des théories féministes doit être l'élaboration de théories *stratégiques* – non de théories vraies ou de théories fausses, mais de théories stratégiques [italique dans l'original].

Toutefois, même si nous mettons de côté les objections scientifiques et morales évidentes que soulève cette version de la doctrine postmoderne, l'éternel problème de l'autoréfutation demeure : comment peut-on évaluer la valeur « stratégique » d'une théorie autrement qu'en s'interrogeant sur sa capacité *véritable* et *objective* à faire progresser les fins politiques que l'on prétend atteindre ? On ne se débarrasse pas aussi facilement des problèmes de vérité et d'objectivité.

justification rationnelle[261]. Nombre de ces auteurs nieraient d'ailleurs farouchement la possibilité même d'une évaluation transculturelle valable des justifications rationnelles.

Je tiens à être franc dès le départ : au cours de mes recherches (dont j'admets qu'elles sont incomplètes), j'ai trouvé bien moins d'exemples d'auteurs postmodernes soutenant clairement les pseudosciences que je ne m'y attendais. C'est ainsi qu'à la lumière des données que j'ai rassemblées il me faut modifier mon hypothèse initiale ! Je commencerai par présenter quelques cas dénués d'équivoque, et je poursuivrai par des cas plus ambigus. Enfin, je tenterai de fournir quelques pistes d'analyse de mes découvertes.

DES POSTMODERNES
EN FAVEUR DES PSEUDOSCIENCES

Certains postmodernes – non les plus célèbres d'entre eux, je l'admets – ont ouvertement soutenu les pseudosciences. Ainsi, Richard E. Palmer, dans un article sur « la postmodernité et l'herméneutique », affirme que

> les cas de télépathie ou de guérison par la foi sont inexplicables dans un cadre théorique naturaliste, et les efforts désespérés des esprits empiristes pour les nier sont presque comiques. [...] S'il est impossible de présenter ici des études de cas précises, on peut néanmoins citer quelques ouvrages récents qui [...] établissent un véritable catalogue de cas suggérant l'intervention de facteurs qui dépassent l'entendement naturaliste. [...] La carrière d'Edgar Cayce, remarquable médium, soulève de nombreuses questions à propos de la télépathie, de la perception de la maladie à distance, de la prescription intuitive de traitements, et autres phénomènes du même type[262].

---

261. On trouvera une analyse plus approfondie de ce point, assortie d'exemples tirés des ouvrages théoriques des études des sciences, dans Bricmont et Sokal (2000, p. 376-377).
262. Palmer (1977, p. 376).

Palmer ajoute que « les travaux de [Erich] von Däniken présentent une critique intéressante des théories évolutionnistes communément admises[263] ». De même, Gary Lee Downey et Juan Rogers, dans un article sur « la politique de la réflexion théorique dans l'université postmoderne », proposent

> de remplacer l'objectif explicite de la réflexion théorique universitaire, c'est-à-dire la production d'un savoir véridique qui fait autorité, par la production de savoirs qui informent de manière adaptée la réflexion théorique populaire. [...] [C]ette stratégie incite à concevoir les gens ordinaires comme pratiquant la science *en permanence* dans leur vie quotidienne. [...] De telles pratiques peuvent également comprendre certaines sciences alternatives solidement établies et très structurées comme les médecines parallèles, l'astrologie, la parapsychologie et diverses sciences New Age[264].

Chez les postmodernes célèbres (« postmodernes » selon ma définition), je n'ai trouvé que deux auteurs qui soutiennent explicitement la pseudoscience. La philosophe féministe Sandra Harding a repris telles quelles une série d'affirmations tirées du livre *Blacks in Science* édité par Ivan van Sertima : ce faisant, elle a ingurgité une bonne dose de pseudoscience afrocentriste, en même temps que certains faits exacts concernant la contribution africaine à la technologie et à la médecine[265]. Harding présente comme un fait établi l'idée que,

> en Afrique occidentale entre 1200 et 1400, les Dogons ont relevé l'existence des anneaux de Saturne, des lunes de Jupiter et de la

---

263. Palmer (1977, p. 377). Pour une évaluation mesurée (mais qui, en définitive, s'avère plutôt caustique) des théories de von Däniken sur d'éventuelles visites extraterrestres en des temps ancestraux, voir Feder (2002, chapitre 9).
264. Downey et Rogers (1995, p. 275, 276), l'italique est de moi.
265. Van Sertima (1983). Parmi les faits exacts, on trouve un témoignage oculaire rapportant la pratique d'une césarienne en 1879 en Ouganda, à une époque où cette intervention était encore très rarement réussie en Europe (Davies, 1959), ainsi que la confirmation archéologique de la fabrication de l'acier en Tanzanie pendant deux mille ans (Schmidt et Avery, 1978 ; mais voir également Rehder, 1986 et Avery et Schmidt, 1986).

structure en spirale de la Voie lactée [...]. Ils savaient aussi qu'une petite étoile, invisible à l'œil nu, évoluait le long d'une orbite elliptique autour de l'étoile Sirius, et qu'elle en faisait le tour en cinquante ans[266].

Ces affirmations sont tirées de deux articles de Hunter Havelin Adams III, où elles sont étayées par des arguments ridiculement faibles et aisément réfutables[267]. Comme l'observe l'archéologue Kenneth Feder, « les peuples anciens et modernes de l'Afrique ont transmis de grandes réalisations culturelles à l'humanité, et il n'y a aucun besoin d'exagérer leur contribution intellectuelle[268] ».

De même, Vandana Shiva, dans son empressement à discréditer « la science moderne occidentale et patriarcale » et à revendiquer une revalorisation des « traditions indiennes ancestrales » et du « savoir indigène féminin[269] », a cautionné des superstitions plutôt surprenantes, comme on le voit dans ce panégyrique de ce qu'on pourrait appeler « l'astrologie botanique » :

> Les semences sacrées sont un microcosme du macrocosme, et le *navdanya* [« neuf semences »] symbolise le Navagraha. L'influence des planètes et du climat est essentielle à la productivité des plantes. Les HYV [variétés à haut rendement] en revanche rompent tous les liens avec les cycles saisonniers et

---

266. Harding (1991, p. 223). Dans un article ultérieur, Harding situe ces prétendues découvertes plus de mille ans auparavant : « [N]ombre des observations que le télescope de Galilée ont rendues possibles étaient déjà connues des peuples Dogons de l'Afrique occidentale depuis plus de 1 500 ans : soit ils avaient inventé une sorte de téléscope, soit leur acuité visuelle était extraordinairement développée » (Harding, 1994, p. 309).

267. Adams (1983a, 1983b). Pour une réfutation, voir Ortiz de Montellano (1996, p. 556 et 570 n. 32).

268. Feder (2002, p. 120).

269. Shiva (1989, p. 58) et Mies et Shiva (1993, chapitre 11). Il va sans dire que les traditions ancestrales et les croyances autochtones modernes ne doivent pas être considérées *a priori* comme de pures superstitions ; certaines d'entre elles peuvent en effet constituer un savoir parfaitement valide, voire parfaitement *scientifique*, sur l'écosystème local. Je me borne à insister sur le fait que toute donnée empirique pertinente doit être rationnellement évaluée, sans préjugés ni idées romantiques.

cosmiques. [...] À grande échelle, [la biodiversité] suppose l'existence d'un lien entre les planètes et les plantes, entre l'harmonie cosmique et l'harmonie agricole que symbolise le *navdanya*[270].

De plus, Shiva a soutenu le travail du botaniste indien J. C. Bose (1858-1937), qui prétendait avoir démontré l'existence d'une conscience chez les plantes[271]. Les théories de Bose ont beau avoir été discréditées depuis longtemps, il est intéressant de noter que, selon Meera Nanda, « il demeure un héros de la tradition scientifique védique[272] ».

DES POSTMODERNES
AU SECOURS DES PSEUDOSCIENCES

Nombre de sociologues relativistes-constructivistes, sans soutenir explicitement l'astrologie, la télépathie ou toute autre pseudoscience, ont critiqué la communauté scientifique pour avoir balayé d'un revers de main des preuves prétendument valables en faveur de ces doctrines. Ainsi, Stanley Aronowitz écrit :

> Les sciences rejetées ou marginales comme la parapsychologie, la voyance [...] ne sont que quelques exemples qui prouvent que la communauté scientifique, en tant que centre de pouvoir, détermine ce qui vaut comme savoir intellectuel légitime, même lorsque les résultats de ces sciences marginalisées sont obtenus par le biais de méthodes reconnues[273].

---

270. Mies et Shiva (1993, p. 169, 171). Le chapitre d'où cette citation est extraite est de Shiva.
271. Shiva (1989, p. 59).
272. Nanda (2003, p. 107). On trouvera une biographie de J. C. Bose dans Dasgupta (1999). Voir Jitatmananda (1993) pour un panégyrique des théories de Bose composé par un partisan du Vedanta.
273. Aronowitz (1996, p. 191). Bizarrement, cette liste de « sciences rejetées ou marginales » comprend également « la biologie de l'écologie et de l'évolution » – ce qui ne manquera sûrement pas de surprendre les biologistes.

Barry Barnes, David Bloor et John Henry adoptent des positions semblables dans leur manuel de sociologie des sciences :

> L'astrologie [...] et l'homéopathie [...] demeurent marquées du label de « pseudosciences », en dépit de travaux récents qui semblent appeler à leur réévaluation (Gauquelin, 1984 ; Benveniste, 1988).
>
> Les données statistiques fournies par Michel Gauquelin à l'appui de l'astrologie poseraient sans doute un sérieux problème aux scientifiques s'ils n'étaient pas si habiles à les ignorer. Pourtant, il est possible qu'un jour elles soient citées en exemple du triomphe de la méthode scientifique. Les travaux de Gauquelin semblent indiquer l'existence de forces et d'interactions non reconnues par les théories scientifiques actuelles et pourtant ces travaux sont fondés sur des principes méthodologiques et des données empiriques qui, jusqu'ici, ont résisté aux critiques[274].

Si ces passages n'expriment pas un soutien explicite à la voyance ou à l'astrologie, ils témoignent cependant d'une bienveillance à leur égard et d'une incapacité à mesurer l'abîme méthodologique et empirique qui sépare les sciences de la nature des pseudosciences. Comme l'a noté le physicien David Mermin dans sa critique du livre de Barnes, Bloor et Henry,

> la glose de ces auteurs sur l'astrologie – « l'existence de forces et d'interactions non reconnues par les théories scientifiques actuelles » (BBH, 141) – ne fait pas saisir à quel point des preuves convaincantes en sa faveur bouleverseraient complètement notre conception du monde et nous forceraient à la reconstruire de fond en comble[275].

La même remarque vaut pour l'homéopathie, encore que la reconstruction serait moins radicale dans ce cas.

---

274. Barnes, Bloor et Henry (1996, p. 141). Les auteurs font ici référence à des données recueillies par Michel Gauquelin à l'appui de la théorie astrologique de l'« effet Mars », selon laquelle cette planète est censée avoir une influence sur la destinée des champions sportifs. Voir Benski *et al.* (1996) pour une analyse factuelle critique et détaillée de « l'effet Mars ».
275. Mermin (1998b, p. 642).

Mermin poursuit de la manière suivante :

> Il existe une bonne raison de rejeter ces prétentions sans même
> tenter de les réfuter. Barnes, Bloor et Henry ont beau ne pas
> l'évoquer, ceux qui les rejettent l'ont parfaitement identifiée :
> vouloir réfuter des assertions absolument improbables constitue
> une perte de temps et de ressources évidente. Pour les mêmes
> raisons, n'importe qui refuserait d'acheter sur-le-champ le pont
> de Brooklyn pour cinq dollars sans s'imposer un trajet jusqu'au
> tribunal pour obtenir la confirmation qu'il n'existe aucun titre
> de propriété sur ce monument[276].

LES POSTMODERNES SUR LES PSEUDOSCIENCES

L'étude des communautés dissidentes ou marginales
comme la parapsychologie ou les médecines parallèles constitue une thématique récurrente des « *science studies* » et des
« études culturelles des sciences » (*cultural studies of science)*
relativistes-constructivistes[277]. D'une part, le relativisme
méthodologique – et épistémologique dans certains cas –,
quasi axiomatique dans ces milieux, empêche toute évaluation rationnelle des données empiriques qui sont pertinentes
pour les affirmations factuelles en question[278]. D'autre part,

---

276. Mermin (1998b, p. 624).
277. Parmi les premiers exemples de cette thématique, on peut citer les essais
rassemblés par Nowotny et Rose (1979) et Wallis (1979).
278. Il est essentiel de distinguer le relativisme méthodologique des autres
formes de relativisme. En substance, le relativisme méthodologique prescrit
que « le sociologue ou l'historien doivent agir comme si les croyances sur la
réalité qui caractérisent des groupes concurrents donnés n'étaient pas
engendrées par la réalité elle-même » ; le relativisme épistémologique postule que « la manière dont un groupe social justifie son savoir vaut [tou-
jours] celle d'un autre » ; quant au relativisme ontologique, il considère que,
pour des groupes sociaux différents, « la réalité elle-même est différente »
(Collins, 2001, p. 184 ; voir également Bricmont et Sokal, 2001, p. 244n4).
Dans les années 1980, les affirmations fondées sur le relativisme épistémologique étaient relativement fréquentes dans la littérature des *Sciences Studies*,
mais, de nos jours, la plupart des sociologues des sciences précisent qu'ils
défendent uniquement le relativisme méthodologique et non le relativisme
ontologique ou épistémologique. Cependant, ils omettent souvent de fournir

leur relativisme méthodologique permet à ces auteurs de laisser leur sympathie pour les « marginalisés » ou leur hostilité à l'égard de la science moderne déterminer leur position intellectuelle.

Ainsi, Andrew Ross, un partisan des études culturelles, a publié une ethnographie impressionniste des incursions New Age dans la science et la technologie, où des observations sociologiques parfois astucieuses voisinent avec une indifférence totale pour la vérité ou la plausibilité même de ces théories. Ross entraîne le lecteur à travers une galerie de tocades New Age – la bioénergie, la guérison par les cristaux, la thérapie magnétique, les machines cérébrales et le « *channeling* » parmi bien d'autres curiosités – avec un mélange amusé de sympathie, de perplexité et de détachement. Quoique Ross ne le dise jamais explicitement, le lecteur a la nette impression que de nombreuses affirmations factuelles des partisans du New Age le laissent pour le moins sceptique. Cependant, sa critique explicite vise uniquement les aspects socio-économiques et politiques de la « science » New Age, par exemple ses côtés mercantiles et individualistes et son aspiration à devenir une science « respectable », et non l'invraisemblance de ses théories[279]. De plus, lorsqu'il aborde les sommités intellectuelles du New Age (Karl Pribram et David Bohm parmi d'autres), le ton de Ross se fait respectueux :

---

des arguments convaincants en faveur du relativisme méthodologique, la pertinence de celui-ci pour la sociologie de la connaissance étant largement considérée comme une évidence. Bricmont et moi-même, en revanche, avons expliqué pourquoi, à notre avis, le recours au relativisme méthodologique ne se justifie pas *à moins* que l'on adhère aussi à une forme ou à une autre de relativisme philosophique. Pour un débat approfondi sur ces questions, voir les nombreux essais rassemblés dans Labinger et Collins (2001).

279. Sur la démarche de Ross, voir en particulier Ross (1991, p. 8-9 et 27-28). Il a au moins le mérite d'aborder la question de l'exactitude scientifique en passant (p. 29) : « Je ne pense pas que la culture New Age ait produit un système d'explication du monde plus cohérent et exact que la science rationaliste. »

C'est dans les recherches modernes sur le cerveau que les tenants du New Age ont puisé les modèles explicatifs les plus appropriés à l'établissement d'une nouvelle cosmologie dont la science serait le cœur et le fondement. [...] La conception holographique de l'écologie du cerveau permet de faire entrer en jeu les principes d'isomorphisme et de synchronie entre les cerveaux. La réalité sensorielle apparaît comme une représentation relativement stable mais projetée holographiquement depuis un point situé en principe au-delà du temps et de l'espace. Si l'univers lui-même devient un hologramme géant, l'ensemble de la réalité peut être reconstitué à partir de ses parties les plus infimes et chaque cerveau contient toutes les informations que recèle l'univers. C'est ainsi que l'holisme est introduit à tous les niveaux de l'expérience[280].

Selon Ross, ce paradigme présente l'avantage suivant :

Il ne fournit pas seulement un fondement permanent et souple à la communication intersubjective, il permet aussi une répartition globale de l'énergie plus équitable socialement que l'univers *karmique* où dominent la rétribution et la récompense. De même qu'un formaliste pourrait interpréter la politique de la fission nucléaire comme une critique du sujet cartésien autocentré, les partisans de l'holisme conçoivent le champ holographique unifié formé par le sujet percevant et l'objet perçu comme une critique radicale des privilèges du subjectivisme. Un tel champ accueille « l'expérience mystique » non comme un phénomène contingent ou aberrant mais comme un mode de perception rationnel de l'holo-mouvement conscient de la réalité sensorielle[281].

Comprenne qui pourra ! Dans une note de bas de page, Ross cite en l'approuvant une théorie farfelue de Rupert Sheldrake, selon laquelle « les champs morphogénétiques [...] opèrent à un niveau infra-quantique, reliant entre eux tous les *patterns* de l'univers[282] ».

---

280. Ross (1991, p. 41).
281. Ross (1991, p. 42).
282. Ross (1991, p. 253 note 20). Il faut noter, cependant, que Ross propose également une critique habile et convaincante du livre de Fritjof Capra, *The Tao of Physics* : « Pour ceux qui veulent que les scientifiques rendent leurs travaux plus accessibles aux non-initiés, les analogies de Capra [entre les physiciens et les apprentis Zen] constituent, à tous égards, un pas dans la mauvaise direction.

Dans la même veine, mais d'une manière plus professionnelle, l'anthropologue et sociologue des sciences David Hess a publié une fascinante ethnographie du spiritisme au Brésil qu'il replace dans le contexte du syncrétisme religieux brésilien, principalement yoruba et catholique. Hess présente une série d'études de cas de ce qu'il appelle « la pensée spiritiste scientifique », mais, autant que je puisse en juger, sans jamais se demander si les doctrines en question méritent le nom de « science ». Il met d'ailleurs explicitement cette question entre parenthèses :

> Mon propos n'est nullement de montrer que l'un ou l'autre de ces discours est plus ou moins scientifique, ni même que les phénomènes appelés « paranormaux » ont obtenu le statut de faits scientifiques. Au contraire, je mets entre parenthèses la question du statut scientifique des pensées spiritistes, de leur « vérité » ou de leur « fausseté », et j'utilise les revendications de scientificité (ou de l'absence de scientificité) comme éléments d'une étude des valeurs culturelles et de l'idéologie[283].

Si Hess évoque en passant l'opposition de la communauté médicale aux traitements spiritistes, il en parle uniquement en termes sociologiques et la présente comme une tentative de cette communauté pour « protéger ses frontières » et repousser les concurrents hétérodoxes. Jamais il n'aborde la question de l'efficacité objective des différentes thérapies ou même ne reconnaît que la question se pose. On retrouve le même relativisme méthodologique strict dans le livre suivant de Hess qui porte sur les partisans du New Age, les para-

---

Loin de démystifier l'univers de la science, il élève la vocation scientifique bien au-dessus du statut d'apostolat laïc dont elle jouit déjà en Occident. Le langage ordinaire et la rationalité de tous les jours, qualifiés d'inadéquats et d'archaïques, sont présentés comme un mode de communication obsolète. Lorsque le langage du physicien se met à ressembler à un poème zen, l'objectif d'expliquer la science en langage vernaculaire à des non-initiés a été abandonné » (Ross, 1991, p. 44).

283. Hess (1991, p. 54-55).

psychologues et les sceptiques aux États-Unis[284]. Résultat de cette « neutralité » forcée : la pseudoscience se trouve revêtue d'un crédit qu'elle ne mérite pas.

Le sociologue des sciences Steve Fuller est plus explicite que Ross et Hess lorsqu'il défend la destitution de la science de sa position hégémonique en matière épistémologique – programme qu'il appelle « la sécularisation de la science ». Notant le peu de progrès accompli sur cette voie par les sociologues des sciences, il écrit que « les nouveaux savoirs créés par les mouvements New Age comme la médecine homopathique [*sic*], la parapsychologie, la dianétique et la *creation science* pourraient s'avérer être des vecteurs bien plus efficaces de la sécularisation des sciences[285] ».

Concernant la controverse sur l'enseignement du créationnisme à côté de l'évolution dans les écoles publiques américaines, Fuller fait une observation pédagogique judicieuse : « Compte tenu du fait que les deux tiers de ceux qui croient à l'évolution croient également que cette dernière est le reflet d'une intelligence divine, il semble qu'en niant *ex cathedra* [les idées théologiques] on méconnaît le point de départ intellectuel de l'écolier moyen[286]. » Pourtant, loin d'en tirer la conclusion qu'il faut mettre en cause les préjugés des

---

284. Hess (1993). Hess s'autorise un léger écart par rapport à son relativisme lorsqu'il admet que « les esprits sceptiques rejettent *à raison* la solidité scientifique de beaucoup de pratiques et de discours New Age » (Hess, 1993, p. 175, l'italique est de moi). Mais de telles entorses à la règle demeurent rares.

On notera qu'en dépit de son relativisme méthodologique Hess formule une observation psychologique et sociologique tout à fait judicieuse à mon sens : « Beaucoup de gens cherchent sincèrement à trouver des réponses à des questions touchant le sens de l'existence, la spiritualité, la maladie et les phénomènes paranormaux dans les démarches alternatives. Pour le sceptique, leur quête repose *peut-être* [mon italique] sur une illusion, mais la démystification semble une stratégie rhétorique peu adaptée à la tentative des rationalistes pour faire comprendre à leurs semblables que leurs croyances sont erronées ou qu'elles relèvent de la magie. Si les sceptiques essayaient de comprendre le monde selon la perspective de leurs semblables, leurs efforts pour les instruire et les éclairer seraient peut-être plus efficaces » (Hess, 1993, p. 158-159).

285. Fuller (1996, p. 47).

286. Fuller (1996, p. 49).

élèves et leur enseigner l'analyse critique des preuves empiriques, Fuller soutient que l'on doit conforter ces préjugés chaque fois que possible :

> [D]u point de vue du créationnisme, le fait que certaines découvertes et certaines perspectives de recherche importantes ouvertes par la science de l'écologie ont été initialement établies sous la houlette de l'évolution darwinienne n'implique pas que ces découvertes et ces perspectives ne puissent être comprises ou reprises ailleurs que dans le cadre théorique darwinien. Afin de protéger la liberté d'investigation des élèves, les enseignants devraient essayer, chaque fois que cela est possible, de leur montrer qu'on peut arriver aux mêmes résultats en partant de présupposés théoriques différents[287].

Une telle démarche ne protège nullement la liberté d'investigation des élèves, mais plutôt la liberté des parents d'*empêcher* leurs enfants de se poser des questions.

Quelques pages plus loin, Fuller prédit que,

> au fur et à mesure que les gouvernements continuent à laisser les impératifs du marché déterminer leur politique scientifique [...] les équipes scientifiques en quête de fonds devront adapter leurs objectifs de recherche aux intérêts des investisseurs potentiels. C'est ainsi qu'ils se rapprocheront de plus en plus de la production du savoir prêt à consommer qui caractérise les mouvements New Age. Les connaissances qu'ils produisent perdront progressivement le vernis universaliste d'un savoir en soi et deviendront des savoirs adaptés à des groupes particuliers[288].

Les prédictions de Fuller, hélas, pourraient bien se réaliser. Toutefois, il évacue rapidement la question de savoir si l'homéopathie, la parapsychologie et la dianétique sont des savoirs *véritables* (c'est-à-dire des croyances rationnellement justifiées) ou simplement de *prétendus* savoirs. Si cette distinction ne préoccupe sans doute guère les publicitaires et les cyniques, les consommateurs et les rationalistes auraient tout intérêt à s'en soucier.

---

287. Fuller (1996, p. 48-49).
288. Fuller (1996, p. 50).

POSTMODERNISME ET PSEUDOSCIENCES :
UNE AFFAIRE D'OPPORTUNISME

Parmi les universitaires postmodernes au sens large, seul un petit nombre semble manifester, du moins officiellement, une attirance significative pour les pseudosciences. Occasionnellement, il est vrai, ces intellectuels s'expriment positivement sur l'homéopathie, l'astrologie ou la parapsychologie, mais il semble que, dans la plupart des cas, cette attitude corresponde simplement à une stratégie destinée à *épater les scientifiques*[289] et non à l'expression sincère de leurs convictions personnelles. La confluence du postmodernisme et de la pseudoscience semble être plus marquée chez les adhérents à une forme ou à une autre de pseudoscience, que ce soit l'Hindutva ou le toucher thérapeutique. Pour eux, le postmodernisme constitue une idéologie toute prête qu'ils peuvent utiliser de manière opportuniste pour faire taire les critiques rationalistes.

Il existe néanmoins une situation dans laquelle les postmodernes semblent plus disposés à accorder un soutien sans réserve à la pseudoscience : lorsque les théories en question semblent appuyer leurs objectifs intellectuels ou politiques. Il en va ainsi de Sandra Harding qui propose de recréer la science selon un modèle féministe et multiculturel et affirme que cette nouvelle science serait caractérisée par une « plus forte objectivité » que la science existante[290]. Les bribes de

---

289. En français dans le texte anglais (NdT).

290. Harding (1991, 1993, 1994, 1996, 1998). L'idée qu'une diversification culturelle et sexuelle des milieux scientifiques professionnels pourrait, *dans certains cas et dans certaines proportions*, mener à une science plus objective (au-delà du fait de constituer un objectif social tout à fait noble) ne doit pas être écartée d'emblée ; à mon sens, elle possède une certaine validité, surtout dans les sciences sociales et dans les domaines qui s'en rapprochent (par exemple en primatologie), mais peut-être aussi ailleurs. Toutefois, il me semble que certains théoriciens du féminisme et du multiculturalisme ont largement exagéré l'importance de ces questions pour les sciences de la nature. Pour des opinions mesurées sur ce point, voir par exemple Wylie (1992) et Brown (2001, p. 89, 184-187 et 201-205).

pseudo-histoire afrocentriste qu'elle recrache sans aucune analyse critique lui servent à montrer que la science « occidentale » a injustement négligé des découvertes faites par les Africains – une thèse qui, dans la mesure où elle est vraie, alimenterait son projet philosophique et politique. À l'évidence, le soutien accordé par Harding à la pseudoscience n'est pas motivé par un attrait pour la pseudoscience en soi mais par l'opportunisme et la paresse intellectuelle – des qualités qui, hélas, ne sont pas le monopole d'un groupe intellectuel ou politique particulier. Pour reprendre la remarque de Gross et Levitt, dont la sévérité n'est pas tout à fait injustifiée compte tenu des circonstances :

> dans l'évangile selon Harding, le scepticisme doit être réservé exclusivement aux travaux scientifiques réalisés par des hommes de race blanche et étayés par les méthodes de l'orthodoxie scientifique. Son « objectivité plus forte » n'est en réalité qu'une crédulité pathétique[291].

De même, le soutien apporté par Vandana Shiva à la pseudoscience indienne est motivé par ses sympathies politiques et culturelles, non par une analyse objective de données empiriques. Ces incidents confirment au moins partiellement ma crainte que les doctrines postmodernes n'incitent leurs partisans à regarder avec bienveillance les théories qui semblent favoriser leurs objectifs politiques tout en les poussant à jeter un œil sceptique sur les théories qu'ils jugent politiquement néfastes.

---

291. Gross et Levitt (1994, p. 212).

Quelle importance ?

> Le concept de « vérité », compris comme dépendant
> de faits qui dépassent largement le contrôle humain,
> a été l'une des voies par lesquelles la philosophie a,
> jusqu'ici, inculqué la dose nécessaire d'humilité.
> Lorsque cette entrave à notre orgueil sera écartée,
> un pas de plus aura été fait sur la route qui mène à
> une sorte de folie – l'intoxication de la puissance qui
> a envahi la philosophie avec Fichte et à laquelle les
> hommes modernes, qu'ils soient philosophes ou
> non, ont tendance à succomber. Je suis persuadé
> que cette intoxication est le plus grand danger de
> notre temps et que toute philosophie qui y
> contribue, même non intentionnellement, augmente
> le danger d'un vaste désastre social.
>
> Bertrand RUSSELL, *History of Western Philosophy*,
> (1961a, p. 782).

Après tout, est-il important que certaines personnes croient à l'homéopathie ou au toucher thérapeutique ? Peut-être pas. Personnellement, je suis toujours agacé lorsque les charlatans (dont beaucoup ont monté de grandes entreprises) réussissent à alléger le portefeuille des naïfs. Mais, dans cette escroquerie, contrairement à ce qui se passe dans la plupart des fraudes commerciales, la victime participe volontairement à sa propre exploitation. Mes instincts libertaires me poussent à prêcher une politique de laisser faire envers les actes pseudoscientifiques entre adultes consentants[292].

---

292. Une question éthique bien plus sérieuse surgit lorsque des *enfants* sont mis en danger à cause des croyances pseudoscientifiques (dont les fondements sont souvent, mais pas toujours, religieux) de leurs parents. Dans ce type de situation, c'est sans aucune hésitation que je milite pour que l'État intervienne en imposant le traitement médical préconisé par les scientifiques et engage si nécessaire des poursuites pénales pour maltraitance (ou, dans le cas d'un décès qui aurait pu être évité, homicide par négligence) contre les parents récalcitrants et leurs complices. On trouvera dans Asser et Swan (1998) une analyse quantitative préliminaire de la fréquence aux États-Unis de

De même, est-il vraiment important que certaines personnes – universitaires pour la plupart, soyons clairs – pensent que la vérité est une illusion, que la science n'est rien d'autre qu'une sorte de mythe, et que les critères de rationalité et de correspondance à la réalité sont profondément déterminés par la culture ? Une fois encore, peut-être pas. Des doctrines bien plus pernicieuses abondent dans la société humaine, et, de toute façon, l'influence des intellectuels sur le monde qui s'étend au-delà de leur tour d'ivoire est bien moins importante que nous nous plaisons souvent à le penser.

Il n'aura sans doute pas échappé au lecteur que, dans les deux paragraphes précédents, j'ai fait un effort surhumain pour me montrer tolérant, au point d'avoir peut-être obscurci mes véritables positions[293]. En réalité, je dois avouer que je suis légèrement déconcerté par une société dans laquelle 50 % de la population adulte croit à la perception extrasensorielle, 42 % aux maisons hantées, 41 % à la possession par le diable, 36 % à la télépathie, 32 % à la voyance, 28 % à l'astrologie, 15 % au channeling, et 45 % à l'exactitude littérale du récit de la Création dans la Genèse[294].

---

tels cas de maltraitance ayant entraîné la mort. Sur le même sujet, pour des statistiques relatives aux maladies qui auraient pu être évitées grâce à un traitement approprié, voir Salmon *et al.* (1999) et Feikin *et al.* (2000). Sur les aspects juridiques et éthiques, voir *American Academy of Pediatrics* (1997), Dwyer (2000) et Merrick (2003).

293. Par exemple, je n'ai pas mentionné le danger réel que constitue le fait que des gens souffrant de pathologies curables sont détournés de traitements efficaces. Et j'ai été suffisamment préoccupé des effets néfastes du postmodernisme pour cosigner un livre qui le critique (Sokal et Bricmont, 1997).

294. L'ensemble de ces chiffres provient de sondages Gallup réalisés aux États-Unis en 2001. À la question « Croyez-vous à la perception extrasensorielle », 50 % ont répondu « oui », 20 % « je n'en suis pas sûr », et 27 % « non » (le reste était « sans opinion »). À la question « Croyez-vous que les maisons puissent être hantées », les réponses, dans les mêmes catégories, étaient respectivement de 42 %, 16 % et 41 %. « Que les êtres humains soient parfois possédés par le diable » : 41 %, 16 % et 41 %. À « la télépathie, ou la communication entre les esprits sans passer par l'intermédiaire des cinq sens » : 36 %, 26 % et 35 %. La « voyance, ou le pouvoir de l'esprit à connaître le passé et prédire l'avenir » : 32 %, 23 %, 45 %. « L'astrologie, ou le fait que la

Cependant, c'est une inquiétude bien plus profonde que j'éprouve devant une société où 21 % à 32 % de la population pense que le gouvernement iraquien de Saddam Hussein était directement impliqué dans les attaques terroristes du 11 septembre 2001, 43 % à 52 % que les troupes américaines en Irak ont trouvé des preuves incontestables d'une proche collaboration entre Saddam Hussein et Al-Qaida, et 15 % à 34 % que les troupes américaines ont découvert des armes de destruction massive en Irak[295]. Si la croyance du grand

---

position des planètes et des étoiles puisse avoir une influence sur notre vie » : 28 %, 18 %, 52 %. « Le *channeling*, ou la possibilité de laisser un esprit prendre le contrôle du corps d'un individu en état de transe » : 15 %, 21 % et 62 %. Voir Gallup (2002, p. 136-138).

Concernant le créationnisme, la question posée était : « Laquelle des affirmations suivantes se rapproche le plus de votre opinion concernant l'origine et le développement des êtres humains : les humains se sont développés au cours de millions d'années à partir de formes de vie inférieures, mais ce processus a été régi par Dieu ; les humains se sont développés au cours de millions d'années à partir de formes de vie inférieures, mais Dieu n'a joué aucun rôle dans ce processus ; ou Dieu a créé les humains à peu près sous leur forme actuelle à un moment donné dans les 10 000 dernières années ? » Les résultats étaient : 37 % pour la première solution, 12 % pour la deuxième, et 45 % pour la dernière (le reste était sans opinion). Ces résultats, pour l'essentiel, sont les mêmes depuis au moins vingt ans. Voir Gallup (2002, p. 52-54). Le sondage Gallup de 1982 fournissait également la répartition des réponses en fonction du sexe, de la race, du niveau d'éducation, de la région, de l'âge, du niveau de revenus, de la religion et du nombre d'habitants du lieu de résidence. Les différences entre les sexes, les races, les régions, les revenus et (étonnamment) la religion étaient assez peu marquées, peut-être dans ce dernier cas parce que les protestants évangéliques et les protestants libéraux avaient été rangés dans la même catégorie. La différence de loin la plus marquée concernait le niveau d'éducation : parmi ceux qui avaient un diplôme d'enseignement supérieur, seulement 24 % soutenaient le créationnisme, tandis que 49 % de ceux qui étaient allés jusqu'à la fin des études secondaires le soutenaient, et 52 % de ceux qui n'avaient pas terminé leurs études secondaires. Voir Gallup (1983, p. 208-214).

295. Kull *et al.* (2003, p. 3-5 et 2004, p. 3-5), citant les résultats d'une série de sondages PIPA/Knowledge Networks menés aux États-Unis entre février 2003 et mars 2004.

Concernant l'Irak et le 11 Septembre, les participants avaient le choix entre quatre propositions : « L'Irak était directement impliqué dans l'organisation des attentats du 11 Septembre », « L'Irak a fourni un soutien important à Al-Qaida, mais n'était pas impliqué dans les attentats du 11 Septembre »,

public à la voyance et autres phénomènes du même type me préoccupe, c'est principalement parce que je soupçonne la crédulité dans des domaines mineurs de préparer l'esprit à la crédulité dans des domaines plus graves. À l'inverse, je me demande si le type d'esprit critique qui aide à distinguer la science de la pseudoscience pourrait aussi s'avérer utile lorsqu'il s'agit de distinguer la vérité du mensonge dans les affaires publiques[296] – je ne dis pas qu'il s'agit d'une panacée, absolument pas, mais simplement que cela *pourrait être utile*.

Comme l'a observé l'historien des sciences Gerald Holton, tant la pseudoscience que le postmodernisme – et la révolte romantique contre la science et la raison qui souvent les relie – deviennent dangereux surtout lorsqu'ils sont asso-

---

« Quelques membres d'Al-Qaida se sont rendus en Irak ou ont eu des contacts avec des fonctionnaires du gouvernement irakien », « Il n'y avait aucun lien entre les deux ». Les résultats, en moyenne, étaient de 21 %, 35 %, 30 % et 8 % respectivement, et sont demeurés relativement stables (gagnant ou perdant tout au plus quelques pourcents) entre février 2003 et mars 2004. Un sondage du *Washington Post* réalisé en août 2003 posait la question suivante : « L'implication personnelle de Saddam Hussein dans les attentats du 11 Septembre est-elle très probable, assez probable, pas très probable ou pas du tout probable ? » 32 % des participants ont répondu « très probable », 37 % « assez probable », 12 % « pas très probable » et 3 % « pas du tout probable ».

Concernant Saddam Hussein et Al-Qaida, la question posée aux participants était : « Avez-vous l'impression que les États-Unis ont trouvé en Irak des preuves convaincantes d'une collaboration étroite entre Saddam Hussein et l'organisation terroriste Al-Qaida, oui ou non ? » Entre juin 2003 et mars 2004, les résultats ont oscillé entre 43 % et 52 % de « oui », atteignant une moyenne de 48 %.

Concernant les armes de destruction massive, la question posée était : « Depuis la fin de la guerre contre l'Irak, avez-vous l'impression que les États-Unis ont trouvé des armes de destruction massive en Irak ou non ? » Le nombre de « oui », atteignant 34 % en mai 2003, a baissé progressivement jusqu'à 15 % en mars 2004.

J'écris ces lignes en août 2004. Je n'exclus pas la possibilité que les troupes américaines puissent découvrir des armes de destruction massive en Irak dans l'avenir. Cependant, une telle découverte ne rendrait pas rétrospectivement légitime la croyance que les troupes américaines en ont *déjà* trouvé.
296. Le degré de validité de cette hypothèse, si tant est qu'elle soit valide, doit être déterminé de manière empirique et soigneusement étudiée par des psychologues, des sociologues et des chercheurs en sciences de l'éducation.

ciés à des mouvements politiques, comme le national-socialisme en Allemagne ou le nationalisme hindou en Inde[297]. En Occident, il est peu probable que le spiritualisme New Age ou le postmodernisme universitaire acquièrent un poids politique significatif dans un avenir proche. Le fondamentalisme chrétien, bien qu'il ait connu des hauts et des bas, demeure une force politique puissante aux États-Unis, mais son développement a pu être contrebalancé, du moins jusqu'à ce jour, par une longue tradition juridique de séparation entre l'Église et l'État. En revanche, dans beaucoup de pays en développement, des bouleversements sociaux et économiques profonds coexistent avec une forte religiosité populaire en même temps que les traditions libérales et laïques sont faibles ou inexistantes. Dans ces conditions, le modernisme réactionnaire d'inspiration religieuse représente une menace permanente, là où il n'est pas déjà devenu une réalité.

Selon un épistémologue postmoderne renommé – qui exprime les idées de dizaines d'autres :

> [I]l n'y a jamais eu une science sans présupposés, une science « objective », vierge de valeurs et dépourvue de vision du monde. [...] Le fait que le système de Newton a conquis le monde n'a pas été la conséquence de sa vérité et de sa valeur intrinsèque ou de sa force de persuasion, mais plutôt un effet secondaire de l'hégémonie politique que les Britanniques avaient acquise à cette époque et qui s'est transformée en empire[298].

Ce penseur tourne en ridicule l'objectivité de la science en des termes pratiquement identiques à ceux des théoriciens « postcoloniaux » indiens :

> Les faits sont simplement les suivants : une idée née des Lumières – c'est-à-dire une idée issue de la civilisation occidentale à une époque bien précise – s'est érigée en vérité absolue et a proclamé qu'elle était un critère valable pour tous les peuples et à

---

297. Holton (2000).
298. Krieck (1942, p. 9, 13). Je remercie Gerald Holton et Gerhard Sonnert de m'avoir fourni une traduction anglaise de cette citation et des deux suivantes.

toutes les époques. Nous avons là un parfait exemple d'impérialisme occidental, une impudente affirmation de suprématie[299].

Partant de là, il en conclut :

> Les décisions motivées par une vision du monde fondée sur la race déterminent la structure de base – le principe ou phénomène élémentaire – sur laquelle se fonde une science. [...] [Un] Allemand ne peut observer et comprendre la nature que selon ses caractéristiques raciales[300].

Le postmoderne dont nous parlons est Ernst Krieck, idéologue nazi tristement célèbre et recteur de l'Université de Heidelberg de 1937 à 1938[301].

Je ne cherche pas, évidemment, à suggérer que tous les postmodernes sont des nazis, loin de là. Je ne suggère même pas que les idées postmodernes seraient, d'une certaine manière, « proto-nazies ». Je prétends plutôt que le postmodernisme – comme d'ailleurs la plupart des idées philosophi-

---

299. Krieck (1936, p. 31), selon la traduction anglaise de Holton (2000, p. 340).

300. Krieck (1942, p. 13, 19). Ironiquement, on trouve une idée quasiment identique chez l'afrocentriste Hunter Havelin Adams III (1983a, p. 32) : « [L]a science ne peut pas toujours naître de fondements universels ou indépendants de la culture. Elle doit être en accord avec les caractéristiques essentielles du "sens commun" du peuple qui la pratique. » Le postmodernisme noue de bien curieuses alliances.

301. Gerhard Sonnert et Gerald Holton ont eu la gentillesse de me fournir cette biographie condensée de Krieck :

> Ernst Krieck (1882-1946) était un idéologue féroce et un auteur prolixe. Nazi depuis le début des années 1920, il commença sa carrière comme instituteur. Le 1er avril 1934, il fut nommé à la chaire de pédagogie et de philosophie de l'Université de Heidelberg. Son ascension fut d'abord irrésistible. En 1935, suite au licenciement du philosophe Ernst Hoffmann, Krieck devint codirecteur du Séminaire philosophique avec Karl Jaspers. Le 30 septembre 1937, Jaspers fut contraint de quitter l'université en raison de ses « accointances juives », laissant Krieck seul à la tête du Séminaire. Peu avant, en janvier 1937, Krieck fut nommé recteur de l'Université de Heidelberg. Il n'occupa ce poste que jusqu'en octobre 1938, ayant présenté sa démission parce que ses opinions sur l'anthropologie avaient déplu à Alfred Rosenberg. Krieck conserva la chaire de pédagogie et de philosophie, et écrivit de nombreux ouvrages sur l'éducation nationale-socialiste.

ques – n'a aucune coloration politique intrinsèque et peut être utilisé à des fins très diverses. En outre, les attaques du postmodernisme contre l'universalisme et l'objectivité, tout comme sa défense des « savoirs locaux », s'adaptent particulièrement bien aux idéologies nationalistes de tout genre. La plupart des postmodernes contemporains sont des intellectuels progressistes qui se soucient sincèrement du sort des pauvres et des opprimés. Malheureusement, les idées ont la fâcheuse manie d'échapper aux intentions initiales de leurs créateurs.

Bien sûr, lorsqu'une théorie est étayée par un raisonnement solide ou des preuves empiriques convaincantes, il est injuste de la critiquer sous prétexte que, entre les mains de certaines personnes, elle pourrait avoir des conséquences néfastes. C'est bien plutôt le détournement d'une idée valide que l'on doit dénoncer. En revanche, lorsqu'une doctrine est fondée sur un raisonnement sophistique – ce qui est à mon sens le cas du postmodernisme[302] –, il ne me semble pas malvenu d'observer qu'elle peut *aussi* avoir des conséquences pernicieuses.

Bien que les intellectuels aient tendance à surestimer leur influence sur la culture au sens large, il n'en demeure pas moins que les idées – même les plus absconses – enseignées et débattues au sein des universités finissent un jour ou l'autre par avoir des effets culturels qui débordent les frontières du monde universitaire. Par exemple, les théories postmodernes ont eu des effets réels en Inde, et ces effets n'ont pas été uniformément positifs, c'est le moins qu'on puisse dire. Si Bertrand Russell, cité en exergue de cette section, a sans

---

302. La question du degré de validité des idées postmodernes constitue évidemment un vaste débat qui s'étend bien au-delà des limites du présent essai. La grande diversité des idées que l'on regroupe sous la désignation « postmodernisme » la rend particulièrement épineuse (même lorsqu'on s'en tient à la définition relativement restreinte que j'ai adoptée ici). On trouvera certaines de mes opinions sur la question dans Sokal et Bricmont (1997, particulièrement le chapitre 3 et l'épilogue) et Bricmont et Sokal (Appendice B dans ce livre). Voir également Haack (1998, 2003), Brown (2001) et Nanda (2003) pour des critiques articulées des doctrines philosophiques postmodernes.

doute été excessif dans sa dénonciation des conséquences sociales perverses de la confusion et du subjectivisme, il reste que ses craintes n'étaient pas entièrement injustifiées.

———

Dans ce livre, j'ai donné des exemples manifestes de convergence entre la pseudoscience et le postmodernisme : des cas où des pseudoscientifiques ont eu recours à des arguments postmodernes, ou dans lesquels les postmodernes ont défendu la pseudoscience. Pour être honnête, je le répète, au cours de mes recherches – incomplètes, il est vrai –, j'ai trouvé moins d'exemples d'une convergence explicite que je ne l'avais escompté initialement.

Cependant, il est possible que la connexion la plus préoccupante entre le postmodernisme et la pseudoscience soit celle qui n'a pas été abordée ici – une connexion plus implicite, plus difficile à cerner, mais bien plus insidieuse. À mesure que les idées postmodernes se diffusent dans notre culture, même sous une forme diluée, elles créent un climat intellectuel peu propice à l'analyse rigoureuse des faits[303]. Après tout, la pratique de la science véritable est difficile. À quoi bon prendre le temps d'apprendre sérieusement la physique, la biologie et les statistiques si, au bout du compte, tout cela n'est qu'une question d'opinion ? Un paradigme contre l'autre, ton paradigme contre le mien – ou, pour utiliser le parler à la mode, une manière parmi d'autres de « jouer à la vérité ». Il est bien plus rapide, et plus exaltant aussi, d'élaborer un système révolutionnaire fondé sur un bricolage verbal de formules vulgarisées de la relativité et de la physique quantique. Pourquoi se donner la peine d'étudier le David Bohm de 1951 et de 1952 alors qu'il est bien plus amusant, et tellement plus facile, de lire le David Bohm de 1980 ? Pourquoi étudier les opérateurs non commutatifs

———

303. On trouvera dans Wheen (2004) une description fort divertissante de la prolifération des raisonnements brumeux dans la vie publique contemporaine.

alors qu'on peut trouver tout ce qu'il faut savoir sur la mécanique quantique chez Fritjof Capra ?

Le succès des pseudosciences s'explique également par de puissantes motivations psychologiques, motivations que le postmodernisme renforce. Comme l'a compris Francis Bacon il y a près de quatre siècles : « L'homme croit de préférence ce qu'il désire être vrai[304]. » La logique et la science empirique, en revanche, viennent contrarier la liberté humaine, ou du moins nos représentations chimériques de cette liberté : l'univers peut s'avérer conforme à nos désirs, ou à l'inverse les contredire. N'oublions pas que c'est en apprenant à renoncer à des croyances agréables mais fausses – la croyance au père Noël, par exemple – et, d'une manière plus générale, à faire la distinction entre nos désirs et la réalité que l'on passe de l'enfance à l'âge adulte. Hélas, c'est un apprentissage difficile, et aucun d'entre nous, pas même les scientifiques, ne parvient à le mener parfaitement à terme[305]. La sélection naturelle a doté le cerveau humain d'une disposition à percevoir et à raisonner correctement dans les domaines de l'existence qui étaient essentiels à la survie de nos ancêtres et à leur reproduction sexuelle, mais elle n'a pas été suffisante pour nous rendre particulièrement perspicaces en matière de cosmologie, et il se peut d'ailleurs que la pression sélective ait même découragé ce type de perspicacité[306].

---

304. Bacon (1986 [1620], aphorisme 49, p. 115).

305. Par exemple, il est embarrassant de lire aujourd'hui ce que certains scientifiques britanniques éminents écrivaient dans les années 1930 sur le nouveau commonwealth socialiste que Staline était en train de construire. À l'évidence, l'aspiration profonde et légitime de ces auteurs à une société plus juste l'a emporté sur leur scepticisme scientifique.

306. Voir Miller (2000, p. 262-265, 420-425), où l'on trouvera une théorie fort intéressante (mais pas assez développée) selon laquelle la propension de l'être humain à engendrer des idéologies créatives mais pas nécessairement fidèles à la réalité – comme le montre la présence quasi universelle de la religion dans les sociétés humaines – pourrait provenir, du moins partiellement, de la sélection sexuelle. Voir également Boyer (2001) et Atran (2002) pour une analyse détaillée de la religion à la lumière de la psychologie évolutionniste. Je remercie Helena Cronin pour des conversations très intéressantes sur cette question.

À l'aune de la durée de notre présence sur Terre, la science est une innovation culturelle extrêmement récente qui nous a permis de surmonter partiellement notre propension innée à prendre nos désirs pour la réalité et de mobiliser nos facultés intellectuelles pour accomplir des objectifs situés littéralement à des années-lumière de la vie dans la savane africaine du pléistocène. L'efficacité de cette invention qui, en l'espace de seulement quatre cents ans, est parvenue à engendrer un savoir exact sur le monde, des quarks aux quasars, est tout bonnement extraordinaire. À vrai dire, un tel succès devrait être qualifié de miraculeux si nous ne le prenions pas déjà pour évident. Pourtant, l'attitude scientifique devant le monde – la « mentalité scientifique », comme l'ont si joliment dit nos collègues indiens – demeure bien souvent minoritaire, même dans les pays industrialisés avancés où les réalisations technologiques de la science sont omniprésentes.

À de nombreux égards, la science va à l'encontre des tendances naturelles de la psychologie humaine, tant par ses méthodes que par ses résultats. La pseudoscience pourrait bien être plus « naturelle » à notre espèce. Le maintien d'une perspective scientifique sur les choses exige une lutte intellectuelle et émotionnelle permanente contre la pensée complaisante, téléologique et anthropomorphique, contre les erreurs de jugement en matière de probabilité, de corrélation et de relation causale, contre la tendance à percevoir des *patterns* inexistants, et contre la propension à chercher des confirmations plutôt que des réfutations à nos théories préférées[307].

---

307. Des idées semblables à celles que l'on évoque dans les quatre paragraphes précédents ont été formulées par Levitt (1999, particulièrement les chapitres 2, 4 et 14) et Wolpert (1993, chapitre 1). Soulignons qu'il n'est nullement contradictoire de relever l'existence d'entraves *psychologiques* à la pensée rationnelle et d'affirmer en même temps que, d'un point de vue *logique*, la méthode scientifique n'est ni plus ni moins que la forme la plus perfectionnée (à ce jour) de l'attitude rationnelle dans la vie quotidienne (Sokal et Bricmont, 1997, p. 57 *sq.* ; Bricmont et Sokal (Appendice B dans ce livre).

Le postmodernisme n'a pas engendré la pseudoscience et, dans la plupart des cas, ne la soutient pas explicitement. Néanmoins, en affaiblissant les fondements intellectuels et moraux de la pensée scientifique, le postmodernisme est complice de la pseudoscience et agrandit « l'océan de folie sur lequel le frêle esquif de la raison humaine navigue tant bien que mal[308] ».

---

308. Cette phrase est de Bertrand Russell (1961b, p. 531), qui parlait des passions nationalistes et religieuses.

Appendice A :
La religion
comme pseudoscience

Les tentatives pour effacer les différends entre la religion et la science ne sont rien d'autre qu'un effort désespéré pour défendre la religion.

Sadiq AL-AZM (1982, p. 116).

Certains lecteurs auront sans doute été offensés que je qualifie le pape de « chef d'un culte pseudoscientifique majeur » (p. 51). D'autres auront concédé que la définition était exacte mais l'auront considérée comme inutilement polémique. Qu'on me permette d'expliquer mon désaccord avec ces deux appréciations.

Peu de gens, je présume, en prendraient ombrage si je qualifiais la secte de la Porte du Paradis de « culte pseudo-scientifique » ou les dieux de l'Olympe de « mythe ». Ces désignations seraient considérées tout simplement comme des descriptions exactes du statut épistémique de ces croyances[309].

---

309. Pour ceux qui l'auraient oublié, la Porte du Paradis (*Heaven's Gate*) était une secte basée en Californie du Sud dont les adeptes pensaient qu'une soucoupe volante qui se déplaçait derrière (ou à côté de) la comète de Hale-Bopp emporterait leurs âmes libérées au Paradis. Trente-neuf membres de la secte ont commis un suicide collectif en mars 1997. Pour l'histoire de la secte, voir Daniels (1999, chapitre 12), et pour une fascinante ethnographie « de l'intérieur » écrite avant le suicide collectif, voir Balch (1995).

Toutefois, les adeptes de la Porte du Paradis sont peu nombreux et socialement marginaux, et ceux qui adoraient les dieux de l'Olympe sont morts depuis longtemps. Le judaïsme, le christianisme, l'islam et l'hindouisme en revanche comptent des millions de fidèles dans le monde – des centaines de millions dans le cas des trois derniers – et détiennent un pouvoir politique, économique et social significatif dans de nombreux pays (même si ce pouvoir est souvent contesté). C'est pourquoi le franc-parler à propos du statut épistémique des religions dominantes, tel que le christianisme pour l'Occident, est généralement considéré au mieux comme un manque d'éducation, au pire comme un blasphème. Pourtant, faire figurer ces religions dans une analyse sur les pseudosciences n'a strictement rien d'« agressif » ; il s'agit tout simplement de refuser de faire deux poids deux mesures et de cautionner le traitement de faveur dont bénéficient certaines pseudosciences par rapport à d'autres. D'ailleurs, une quantification impartiale montrerait sans doute que le christianisme, l'islam et l'hindouisme sont les pseudosciences *les plus largement pratiquées* dans le monde aujourd'hui, bien loin devant l'homéopathie ou l'astrologie. Dans leurs versions fondamentalistes, ce sont aussi les plus dangereuses.

Je me rends compte qu'en tenant de tels propos aussi ouvertement je me range dans la minorité. Même les libéraux et les agnostiques déclarés sont aujourd'hui peu favorables aux propos trop critiques à l'égard de la religion, à part la dénonciation des excès du fondamentalisme. Après tout, la lutte qui a opposé l'Église aux libéraux laïcs au XVIIIe et au XIXe siècle a largement été remportée par ces derniers. La religion en Occident a perdu la plus grande partie de son influence politique, hormis sur les questions de mœurs sexuelles et, dans les régions des États-Unis où le fondamentalisme est fortement enraciné, d'éducation. Par conséquent, les non-croyants sont arrivés à un *modus vivendi* avec les religions organisées : tenez-vous plus ou moins à l'écart de la politique, et en échange nous nous abstiendrons d'attaquer publiquement vos dogmes et de remettre en cause les vestiges de vos privilèges temporels, tels que les subventions de l'État en Europe et les exemptions fiscales aux États-Unis.

En fin de compte, pourquoi se donner la peine de critiquer des idées aussi inoffensives ? D'ailleurs, les Églises progressistes font beaucoup de bien dans la société lorsqu'elles soutiennent, par exemple, les droits civils et les mouvements pacifistes aux États-Unis, ou encore la théologie de la libération en Amérique latine. Plus généralement, elles servent de contrepoids moral au pouvoir sans bornes de l'argent.

Le même *modus vivendi* caractérise les rapports entre la communauté scientifique et les Églises non fondamentalistes. La vision du monde de la science moderne, si l'on veut bien être honnête à ce propos, conduit naturellement à l'athéisme – ou du moins à un déisme ou à un panspiritualisme inoffensifs, incompatibles avec les dogmes de toutes les religions traditionnelles –, mais les scientifiques qui osent le reconnaître ouvertement sont peu nombreux[310,311]. Les accusations, pourtant justifiées, contre « la science athée » proviennent plutôt des fondamentalistes ; les scientifiques, en revanche, tentent généralement de rassurer le grand public en disant que la science et la religion, correctement définies, n'ont aucune raison de s'affronter.

Incontestablement, cette attitude est stratégiquement habile, particulièrement aux États-Unis où la majorité de la

---

310. Parmi les exceptions à cette règle, on trouve Dawkins (1987, 2003), Weinberg (1992), Levitt (1999) et Bricmont (1999).

311. Les données empiriques sur les croyances religieuses des scientifiques sont peu nombreuses. Une enquête récente a montré qu'environ 39 % des scientifiques américains croyaient « en un Dieu que l'on peut prier en espérant qu'il vous réponde », que 45 % n'y croyaient pas et que 15 % n'avaient pas d'opinion arrêtée sur la question (Larson et Witham, 1997). De l'autre côté, chez les membres de l'Académie nationale des sciences, la croyance en Dieu a chuté à 7 %, avec 72 % de non-croyants et 21 % d'agnostiques (Larson et Witham, 1998). Voir également Iannaccone *et al.* (1998) et Brown (2003) pour des points de vue différents sur les données disponibles.

population prend la religion très au sérieux. Certains scientifiques ont péniblement tenté de se convaincre qu'elle était aussi honnête intellectuellement[312]. Mais ces arguments ne sont pas solides[313].

Revenez en arrière, reprenez ma définition de la pseudoscience et demandez-vous honnêtement si les religions traditionnelles y correspondent :

a) Elle porte sur des phénomènes réels ou allégués, ou des relations causales réelles ou alléguées, que la science moderne considère à raison comme invraisemblables.

b) Elle tente d'étayer ses affirmations sur des raisonnements ou des preuves qui sont loin de satisfaire aux critères de la science moderne en matière de logique et de validation.

c) Le plus souvent, mais pas toujours, elle prétend être scientifique, et

c') prétend relier ses assertions à la science véritable, en particulier aux découvertes scientifiques d'avant-garde.

d) Elle ne repose pas sur une croyance isolée, mais constitue plutôt un système complexe et logiquement cohérent qui « explique » un grand nombre de phénomènes (ou de prétendus phénomènes).

---

312. Bien sûr, la plupart des arguments de ce type proviennent de croyants : voir par exemple Barbour (1990), Peacocke (1990) et Polkinghorne (1991). Le physicien Freeman Dyson (2000) propose une version plus modeste d'un point de vue théologique. Il se définit comme « un chrétien pratiquant mais non croyant » (Dyson, 2002, p. 6). Un argument différent en faveur de la compatibilité de la science et de la religion – ce qu'on appelle la « non-concurrence des magistères » (*non-overlapping magisteria* ou *NOMA*) – nous vient d'un paléontologue, Stephen Jay Gould (1999), qui se qualifie d'« agnostique » (p. 8) mais que l'on définirait peut-être plus justement comme un « athée qui se donne toutes les peines du monde pour se contenir, bien au-delà de ce qu'exige son devoir ou le bon sens » (Dawkins, 2003, p. 252 n. 89).

313. Voir Bricmont (1999) pour une critique brève mais destructrice de quatre variantes de l'idée que la science et la religion sont compatibles ; et voir Dawkins (2003, p. 146-151) pour une critique encore plus brève mais tout aussi dévastatrice de plusieurs autres variantes de la même idée. Voir également Kitcher (2005) pour une analyse plus détaillée des multiples facettes de l'incompatibilité entre science et religion.

e) Ses praticiens sont soumis à un long processus de formation et d'accréditation.

Les points (a), (b), (d) et (e) décrivent si parfaitement les religions traditionnelles qu'aucune élaboration ne devrait être nécessaire. Mais, afin d'être précis, laissez-moi illustrer un peu davantage les points (a) et (b) :

Des exemples illustrant le point (a) sont les miracles de toutes sortes – tant les miracles anciens racontés dans les livres saints que les miracles censés avoir lieu dans la vie moderne – et plus généralement toutes les interventions de dieux, de saints, d'anges et d'autres êtres surnaturels (par exemple en réponse à la prière), interventions qui, par définition, impliquent une suspension ou une modification temporaire des lois ordinaires de la physique et de la biologie.

Les « raisonnements et les preuves » évoqués en (b) sont par exemple des témoignages oculaires pris pour argent comptant sans être soumis à l'examen critique que pratiquent les historiens, les juristes et d'ailleurs tous les êtres humains dans leur vie quotidienne ; de prétendus faits historiques pris pour argent comptant sans être soumis aux vérifications habituelles des historiens et des archéologues ; et de prétendues guérisons miraculeuses par la prière, etc. prises pour argent comptant sans être soumises aux tests statistiques habituels des chercheurs en médecine et en épidémologie.

Le point (c) est moins courant dans les religions traditionnelles, mais est devenu de plus en plus répandu ces dernières années parmi les défenseurs les plus articulés des idées religieuses. À cet égard, les activités de la John Templeton Foundation méritent d'être signalées. Cette fondation décerne plus de cent bourses par an, destinées à promouvoir

> des travaux dans lesquels la science et la religion sont prises au sérieux dans le cadre d'une quête pour une meilleure compréhension de la réalité. Qu'est-ce que la recherche peut nous apprendre sur Dieu, sur la nature de l'action divine dans le monde, sur le sens et le but de l'existence ? Quelles conclusions spirituelles peut-on tirer des dimensions inconnues de la nature et de la créativité humaines révélées par la science ?

La Fondation s'attache tout particulièrement à financer des cours sur le thème « Science et religion » dans les universités américaines, qui abordent toutes sortes de sujets mais dont l'objectif commun est de montrer que la science et la religion sont compatibles[314]. De plus, la Fondation décerne un prix annuel, le Templeton Prize for Progress Toward Research or Discoveries about Spiritual Realities, assorti d'une bourse d'un peu plus de 1 million de dollars. Selon un communiqué de presse de la Fondation, ce prix serait « le prix en argent annuel et individuel le plus élevé du monde » :

> [C]e prix est destiné à promouvoir l'idée que des ressources et des compétences humaines sont nécessaires pour accélérer les progrès dans le domaine de la recherche spirituelle, ce qui peut aider les êtres humains à apprendre cent fois davantage sur la divinité. [...] Le prix a pour objectif d'aider les gens à entrevoir l'esprit universel infini qui continue de créer des galaxies et des êtres vivants et les diverses manières dont le Créateur se révèle à nous.

Parmi les lauréats récents figurent le physicien (également prêtre et théologien anglican) John Polkinghorne, le biochimiste (de même, prêtre et théologien anglican) Arthur Peacocke, et les physiciens Ian Barbour, Paul Davies et Freeman Dyson[315].

L'Université interdisciplinaire de Paris (UIP) joue un rôle similaire en France (bien qu'elle soit sans doute bien moins dotée). En réalité, il ne s'agit pas vraiment d'une université,

---

314. Voir Wertheim (1995) pour une description de ces cours par une sympathisante.

315. Les citations et les informations viennent de la Fondation Templeton (2003). Le credo de la Fondation Templeton est exposé en détail dans Templeton et Herrmann (1989). Pour une critique des activités de la Fondation Templeton par des scientifiques et d'autres auteurs partageant la vision du monde scientifique, voir Krauss (1999), MacIlwain (2000) et Brown (2000). On trouvera dans Grigg (2002) et Herrmann (2002) une critique amusante (mais logiquement incontestable) de la théologie passe-partout de la Fondation Templeton, écrite du point de vue du fondamentalisme chrétien.

mais d'une association qui organise des conférences sur la science et la religion et publie une revue, *Convergences*[316].

Après tout, lorsque nous disons d'un culte pseudoscientifique – le toucher thérapeutique, par exemple, ou la psychanalyse lacanienne – qu'il est pratiquement devenu « une nouvelle religion » ou que ses adeptes « défendent ses doctrines avec une ferveur quasi religieuse », nous concevons ces commentaires comme des jugements épistémiques, qui de plus sont péjoratifs. Pourquoi des doctrines qui, *de leur propre aveu,* sont religieuses devraient-elles être traitées différemment ?

---

316. Pour de plus amples informations sur l'UIP, assorties d'une critique tranchante, voir Dubessy et Lecointre (2001).

Appendice B :
Plaidoyer pour un réalisme scientifique modeste[317]

Jean Bricmont et Alan Sokal

Introduction

Nous commencerons par distinguer *deux* niveaux du débat sur la connaissance scientifique, un niveau simple et un autre plus élaboré. Dans sa forme simple, le débat oppose les objectivistes en tout genre – réalistes, pragmatistes, etc. – aux postmodernes, aux relativistes et aux tenants du constructivisme social radical. Dans sa forme élaborée, il oppose les partisans du réalisme scientifique à leurs adversaires objectivistes mais antiréalistes : pragmatistes, vérification-nistes, instrumentalistes, et ainsi de suite.

Cet essai est une modeste contribution à ces deux débats. D'une part, nous défendons une vision de la science comme entreprise cognitive qui cherche à obtenir – et y parvient parfois – un savoir objectif sur le monde. D'autre part, nous

---

317. Conférence prononcée au colloque de Bielefeld « Welt und Wissen – Monde et savoir – World and Knowledge » le 18 juin 2001. Publié dans Martin Carrier, Johannes Roggenhofer, Günter Küppers et Philippe Blanchard (éds), *Knowledge and the World : Challenges Bergond the Science Wars*, Berlin, Heidelberg, Springer-Verlag, 2004, p. 17-45.

défendons également ce que nous appelons un *réalisme modeste*, qui souligne que la science a pour ambition de comprendre la véritable nature des choses, et qui affirme que nous progressons dans cette direction ; néanmoins, nous reconnaissons que cette tâche demeurera toujours inachevée, et nous sommes conscients des principaux obstacles qui s'opposent à son accomplissement[318].

Le débat simple ne mériterait peut-être pas qu'on s'y attarde si le relativisme et le constructivisme social extrême n'avaient pas acquis une certaine hégémonie dans de nombreuses disciplines, entre autres dans les études littéraires, en anthropologie et en sociologie des sciences. Aujourd'hui, dans de nombreux milieux intellectuels, les idées selon lesquelles tous les faits sont « des constructions sociales », les théories scientifiques ne sont rien de plus que des « mythes » ou des « narrations », les discussions scientifiques se résolvent par la « rhétorique » ou les « jeux d'alliance » et le mot « vérité » n'est que le synonyme d'« accord intersubjectif », passent pour des lapalissades. Si l'on trouve cet état des lieux excessif, considérons les assertions suivantes, formulées par des figures éminentes des *science studies* :

> [L]a validité des propositions théoriques dans les sciences n'est affectée en rien par des preuves factuelles[319].

> Le monde naturel joue un rôle mineur, voire inexistant dans la construction du savoir scientifique[320].

> Étant donné que la résolution d'une controverse est *la cause* de la représentation de la nature et non sa conséquence, *on ne doit jamais avoir recours à l'issue finale – la nature – pour expliquer pourquoi et comment une controverse a été réglée*[321].

---

318. Des positions voisines sont exprimées dans Nagel (1997), Haack (1998), Kitcher (1998), Maxwell (1998) et Brown (2001).
319. Gergen (1998, p. 37).
320. Collins (1981, p. 3). Voir néanmoins la note 61, p. 49 ci-dessus pour l'énoncé de certaines réserves.
321. Latour (1995, p. 241), italique dans l'original. Voir Sokal et Bricmont (1997, p. 89-94), pour une analyse détaillée.

> Pour [nous autres] relativistes, l'idée selon laquelle certaines normes ou croyances sont réellement rationnelles et non uniquement acceptées comme telles localement n'a pas de sens[322].

> La science se légitime elle-même en reliant ses découvertes au pouvoir, une liaison qui *détermine* (et ne se contente pas d'influencer) ce qui est admis au rang de savoir fiable[323].

Au cours des quatre dernières années, nous avons pris part à de nombreux débats avec des sociologues, des anthropologues, des psychologues, des psychanalystes et des philosophes. Leurs positions étaient très diverses, mais, à plusieurs reprises, nous avons rencontré des gens qui pensaient que les assertions factuelles à propos du monde naturel pouvaient être vraies « dans notre culture » tout en étant fausses dans d'autres[324]. Nombre de nos interlocuteurs confondaient systématiquement les faits et les valeurs, les vérités et les croyances, le monde et notre savoir sur le monde. De plus, lorsque nous pointions du doigt leur erreur, ils refusaient catégoriquement de reconnaître la pertinence de ces distinctions. Certains allaient jusqu'à soutenir que les sorcières étaient aussi réelles que les atomes, ou disaient ne disposer d'aucun élément leur permettant d'affirmer que la Terre est ronde plutôt que plate, que le sang circule dans le corps ou que les croisades ont réellement eu lieu. On notera que les personnes dont nous parlons sont des chercheurs reconnus ou des professeurs d'université.

De telles positions signifient qu'à l'heure actuelle règne un esprit radicalement relativiste dans certains milieux académiques – phénomène pour le moins étrange[325]. Certes, les idées évoquées ci-dessus ont été exprimées oralement, dans

---

322. Barnes et Bloor (1981, p. 27), les termes entre crochets sont les nôtres.
323. Aronowitz (1988, p. 204), italique présent dans l'original.
324. Pour un exemple portant sur les origines des Indiens d'Amérique, voir Sokal et Bricmont (1997, épilogue), et Boghossian (1996).
325. Précisions que nous ne savons pas à quel point ces opinions extrêmes sont répandues. Mais leur simple existence est déjà étonnante.

le cadre de séminaires ou de conversations informelles, et, comme on le sait, les paroles tendent souvent à être plus radicales que les écrits. Toutefois, les citations reproduites plus haut, qui, elles, ont été écrites et publiées, sont déjà suffisamment étranges[326].

Lorsqu'on s'enquiert des fondements théoriques qui autorisent à émettre des opinions si surprenantes, on est invariablement renvoyé aux « suspects usuels » : les textes de Kuhn, Feyerabend et Rorty, la sous-détermination de la théorie par les données empiriques, l'idée que l'observation dépend de la théorie *(theory-ladenness of observation)*, certains écrits tardifs de Wittgenstein, le « programme fort » en sociologie des sciences[327]. Évidemment, les opinions les plus radicales parmi celles citées plus haut ne proviennent pas directement de ces auteurs. Généralement, ces derniers se contentent d'affirmations ambiguës ou confuses, que d'autres se chargent ensuite d'interpréter d'une manière radicalement relativiste. L'un de nos objectifs sera donc de démêler l'écheveau des diverses confusions engendrées par certaines idées à la mode dans la philosophie des sciences contemporaine. Nous nous proposons, en substance, de démontrer que ces idées recèlent un fond de vérité qui peut être compris correctement lorsqu'elles sont formulées avec précision, mais qu'elles ne fournissent alors aucun argument en faveur du relativisme radical.

Un débat bien plus subtil en philosophie des sciences concerne les avantages et les inconvénients du réalisme et de l'instrumentalisme (ou pragmatisme[328]). Schématiquement,

---

326. Pour des opinions extrêmes formulées par écrit, voir également l'analyse par Latour des causes de la mort de Ramsès II (Latour 1998). Pour une critique, voir Sokal et Bricmont (2ᵉ éd., 1999, note 124).

327. Dans cet article, nous concentrerons notre attention sur les questions d'ordre épistémologique, nous n'aborderons pas la sociologie des sciences, ses buts ou sa méthodologie. Voir Bricmont et Sokal (2001) pour une critique du relativisme méthodologique du « programme fort ».

328. On trouvera un panorama de points de vue sur la question dans Leplin (1984).

le réalisme soutient que l'objectif de la science est de comprendre le monde tel qu'il est réellement, tandis que l'instrumentalisme affirme que cet objectif est inaccessible et que la science devrait se contenter d'être « empiriquement adéquate ». Nous examinerons cette question en détail plus loin. Dans l'immédiat, nous nous bornerons à souligner que cette problématique n'est *pas* pertinente dans le cadre de la version simple du débat. Poussés dans leurs retranchements, les relativistes se rabattent parfois sur des arguments instrumentalistes, mais en réalité ces deux positions sont foncièrement différentes[329]. Ainsi, un instrumentaliste pourra dire que nous n'avons aucun moyen de savoir si les entités théoriques « non observables » existent, ou encore que leur signification n'est déterminée que par des quantités mesurables, mais cela n'implique nullement qu'il considère de telles entités comme « subjectives », au sens où leur signification serait fortement influencée par des facteurs extra-scientifiques comme la personnalité du chercheur ou les caractéristiques sociales du groupe auquel il appartient. En fait, pour l'instrumentalisme, la science peut se concevoir tout simplement comme étant le mode de compréhension du monde le plus satisfaisant que l'esprit humain soit en mesure de produire, compte tenu de ses limitations biologiques intrinsèques.

Dans cet essai, nous examinerons d'abord certains problèmes épistémologiques de base, notamment la sous-détermination de la théorie par les données empiriques, et nous analyserons les problèmes auxquels se heurtent le réalisme et l'instrumentalisme. Puis nous nous pencherons brièvement sur le relativisme radical et les redéfinitions fondamentales de la vérité. Enfin, nous ébaucherons les principaux traits de ce qui nous semble constituer un *réalisme modeste* et défendable et nous expliquerons quelle est sa relation avec

---

329. Cette différence a aussi été clairement démontrée par Brown (2001, chap. 5).

la vision du monde qu'offre la physique contemporaine, en particulier les idées du groupe de renormalisation.

Quelques problèmes épistémologiques de base

SOLIPSISME ET SCEPTICISME RADICAL

Avant de nous pencher sur certaines questions fondamentales de la philosophie des sciences, nous devons nous débarrasser de quelques vieux mais faux problèmes. Tout d'abord, nous accepterons comme évident le fait que le solipsisme, qui affirme qu'il n'existe rien d'autre dans le monde que mes sensations, et le scepticisme radical, selon lequel il est impossible d'obtenir un savoir fiable sur le monde, ne peuvent pas être réfutés. On peut douter que quiconque croie véritablement à ces doctrines – du moins lorsqu'il s'agit de traverser une rue dans une grande ville –, leur caractère non réfutable n'en demeure pas moins une observation philosophique importante. Compte tenu du fait que les arguments établissant le caractère non refutable de ces doctrines sont bien connus au moins depuis Hume, il est inutile de les reprendre ici. Malheureusement, nombre des arguments avancés en faveur du relativisme ne sont rien d'autre que des reformulations banales du scepticisme radical, mais utilisées d'une façon sélective et injustifiable[330].

---

330. Une autre tactique qu'affectionnent les relativistes est de confondre les faits et notre savoir sur les faits, non au moyen d'un raisonnement argumenté, mais tout simplement en employant un vocabulaire délibérément ambigu. Voir Sokal et Bricmont (1999, chap. 3) pour des exemples tirés de Kuhn, Barnes-Bloor, Latour et Fourez.

LE RÉALISME ET SES PROBLÈMES

Dans la vie quotidienne, la plupart des gens ne se soucient guère du solipsisme et du scepticisme radical, et adoptent spontanément une attitude « réaliste » ou « objectiviste » vis-à-vis du monde extérieur. Dans leur travail, les scientifiques ne font pas autre chose. Si les scientifiques emploient rarement le mot « réalisme », c'est qu'ils le tiennent pour une évidence : il est *évident* qu'ils cherchent à découvrir le monde tel qu'il est réellement, du moins certains de ses aspects. Il est *évident* qu'ils adhèrent à une conception de la vérité fondée sur la « correspondance » – autre mot qu'ils utilisent fort peu – avec la réalité. Lorsqu'un biologiste affirme qu'il est vrai qu'une maladie donnée est provoquée par un virus donné, il veut dire que, dans la réalité, ce virus provoque effectivement cette maladie[331,332]. Certes, il faut généralement une longue discussion préliminaire pour définir *ce que signifient* les termes utilisés dans ce type d'affirmation dans chaque cas particulier. Néanmoins, une fois que leur signification est devenue assez précise pour que ce qui est affirmé soit raisonnablement dénué d'ambiguïté, la valeur de vérité de l'affirmation est déterminée uniquement par son degré de correspondance avec la réalité.

---

331. À notre avis, cette interprétation du mot « vérité » est tout simplement *une condition préalable à l'intelligibilité* de toute affirmation sur le monde.

332. Soulignons que nous employons ici l'idée de vérité comme correspondance dans un sens large ; notre intention n'est pas d'entrer dans le débat philosophique qui oppose les théories de la vérité fondée sur la « correspondance » (au sens étroit) et les théories « déflationnistes » de la vérité (voir entre autres Devitt, 1997, chapitre 3). Nos préoccupations ici sont de nature ontologique et épistémologique, non pas sémantique. Ces théories, si nous les comprenons bien, sont toutes deux compatibles avec notre vision du réalisme scientifique. Notre objectif principal est d'établir une distinction entre l'idée de vérité comme « correspondance avec la réalité », entendue dans un sens large, et certaines conceptions épistémiques de la vérité (comme le vérificationnisme ou le degré de justification rationnelle) ainsi que certaines conceptions pragmatiques-relativistes comme l'utilité ou l'accord intersubjectif.

On notera qu'en adoptant cette conception de la vérité[333] nous ne formulons encore aucune affirmation sur le moyen d'*obtenir des données* permettant d'évaluer le degré de vérité ou de fausseté d'une assertion particulière, ni même sur la possibilité de les obtenir. Ce sont là des questions distinctes : poser clairement un problème est une chose, le résoudre en est une autre. Prenons par exemple l'assertion suivante : « William Shakespeare est né le 23 avril 1564. » Personne à ce jour ne sait avec certitude si cette affirmation est vraie ou fausse[334], et personne n'a trouvé une méthode permettant d'obtenir des preuves décisives dans un sens ou dans l'autre. Pourtant, cette affirmation ne peut être que vraie ou fausse, une fois établi, par exemple, qu'elle doit s'entendre relativement au calendrier julien. De plus, sa vérité ou sa fausseté dépend uniquement des faits qui se rapportent à la naissance de Shakespeare et non des croyances ou d'autres caractéristiques d'un individu ou d'un groupe social.

Comment obtient-on des données susceptibles d'établir la vérité ou la fausseté des assertions scientifiques ? Par les mêmes procédés imparfaits auxquels nous avons recours pour obtenir des données relatives aux affirmations empiriques en général. La science moderne, à notre avis, n'est rien de plus ni de moins que la forme la plus élaborée (à ce jour) de l'approche rationnelle du monde et de *toutes* les questions qu'il nous invite à poser, qu'il s'agisse des spectres atomiques, de l'étiologie de la variole ou du réseau d'autobus parisien. Les historiens, les détectives et les plombiers, ainsi que tous les êtres humains utilisent les mêmes procédés fondamentaux – induction, déduction et évaluation des faits – que les physiciens et les biochimistes[335]. La science moderne

---

333. On devrait plutôt dire : en nous contentant de *prendre acte* du fait que c'est en ce sens que la plupart des gens qui parlent notre langue emploient le mot « vérité » (hormis quelques philosophes qui seront discutés plus bas).
334. Le registre paroissial de la Holy Trinity Church à Stratford-upon-Avon indique que Shakespeare y a été baptisé le 26 avril 1564. Mais sa date de naissance exacte est inconnue.
335. Voir note 48, p. 43 ci-dessus.

tente d'effectuer ces opérations de manière plus rigoureuse et plus méthodique, en ayant recours à des contrôles et à des tests statistiques, en pratiquant la réplication systématique des expériences, et ainsi de suite. Les mesures scientifiques sont en outre bien plus précises que les observations quotidiennes et nous permettent de découvrir des phénomènes jusqu'alors inconnus. Par ailleurs, les théories scientifiques contredisent souvent le « sens commun ». Toutefois, cette contradiction n'intervient qu'au niveau des conclusions, elle ne concerne pas la démarche fondamentale. Comme l'a lucidement observé Susan Haack,

> les critères auxquels nous avons recours pour déterminer ce qui constitue une recherche de qualité, honnête et fouillée, et des preuves de qualité, solides et pertinentes, ne sont pas intrinsèques à la science. Lorsque nous évaluons les réussites et les échecs de la science, les domaines ou les époques où ses performances ont été meilleures ou moins bonnes, nous utilisons les mêmes critères que ceux qui nous permettent d'évaluer, en général, la solidité d'opinions fondées sur des faits ou la rigueur et la minutie d'une recherche empirique[336].

L'épistémologie spontanée des scientifiques, celle qui les anime dans leur travail, quels que soient les discours qu'ils peuvent tenir lorsqu'ils philosophent, est donc un *réalisme* rudimentaire : l'objectif de la science est de découvrir la véritable nature des choses, ou du moins certains de ses aspects. Plus précisément,

> l'objectif de la science est de fournir une description vraie (ou du moins approximativement vraie) de la réalité. Ce but est réalisable car :
> 1. Les théories scientifiques sont soit vraies, soit fausses. Leur vérité (ou leur fausseté) est littérale et non métaphorique. Elle ne dépend en aucune façon de nous, de la manière dont nous les testons, de la structure de notre esprit, ou de la société dans laquelle nous vivons.

---

336. Haack (1998, p. 94).

2. Il est possible d'obtenir des données en faveur de la vérité (ou de la fausseté) d'une théorie. (Toutefois, il demeure possible qu'une théorie T soit fausse même si toutes les données empiriques disponibles soutiennent T[337].)

Les objections les plus importantes faites au réalisme scientifique consistent en un certain nombre de thèses montrant que les théories sont « sous-déterminées par les données empiriques[338] ». Dans sa version la plus courante, cette thèse affirme que, pour toute série finie (ou même infinie) de données empiriques, il existe un nombre infini de théories incompatibles entre elles, mais néanmoins « compatibles » avec ces données. Pour peu qu'elle soit mal interprétée[339], cette thèse peut aisément déboucher sur des conclusions radicales. Lorsqu'un biologiste affirme qu'une maladie particulière est provoquée par un virus déterminé, il s'appuie généralement sur certaines « données » ou certains « faits ». Or affirmer qu'une maladie particulière est provoquée par un virus déterminé équivaut à formuler une « théorie » (par exemple, cette affirmation entraîne, au moins implicitement, de nombreuses affirmations contrefactuelles). Donc, s'il existe réellement un nombre infini de théories distinctes compatibles avec ces « données », on peut légitimement se demander sur quelle base il est possible de choisir rationnellement parmi ces théories.

Il est essentiel de comprendre comment la thèse de la sous-détermination est justifiée afin de percevoir clairement sa signification et ses limites. Voici quelques exemples qui illustrent son mode de fonctionnement. La thèse de la sous-détermination permet d'affirmer que :

— Le passé n'existe pas : l'univers a été créé il y a cinq minutes ainsi que tous les documents et tous les souvenirs,

---

337. On doit cette définition succincte du réalisme à Brown (2001, p. 96).

338. Cette thèse est souvent appelée « thèse de Duhem-Quine ». Dans ce qui suit, nous nous référerons à la version de Quine (Quine 1980), bien plus radicale que celle de Duhem.

339. Tout particulièrement en ce qui concerne le sens du mot « compatible ». Voir Laudan (1990a) pour une discussion plus détaillée.

tels qu'ils sont aujourd'hui, et qui se rapportent à ce prétendu passé. Ou encore, l'univers peut tout aussi bien avoir été créé il y a cent ans ou mille ans.

— Les étoiles n'existent pas : il n'y a que des points lumineux qui brillent dans un ciel lointain et qui émettent exactement les mêmes signaux que ceux que nous captons.

— Tous les criminels qui ont jamais été emprisonnés sont innocents. Pour chacun de ces prétendus criminels, il suffit d'invalider tous les témoignages à charge en les attribuant à une volonté délibérée de nuire à l'accusé, de déclarer que toutes les preuves ont été créées de toutes pièces par la police et que tous les aveux ont été soutirés par la force[340].

Si toutes ces « théories » ont sans doute besoin d'être développées, l'idée de base est claire : à partir d'une série quelconque de faits, il suffit de confectionner une histoire, aussi *ad hoc* que l'on veut, qui permette d'« expliquer » ces faits tout en évitant les contradictions[341].

Il faut bien comprendre que la thèse générale (quinéenne) de la sous-détermination n'est rien de plus que cela. En outre, cette thèse a beau avoir joué un rôle important dans la réfutation de certaines des formes les plus extrêmes du positivisme logique, elle ne diffère pas fondamentalement de l'observation selon laquelle le scepticisme radical ou même le solipsisme ne peuvent pas être réfutés. Toutes nos connaissances à propos du monde sont fondées sur des inférences qui partent de l'observé pour en déduire l'inobservé, et aucune de ces inférences ne peut se justifier par la seule logique déductive. Toutefois, il est clair qu'en pratique des

---

340. Soulignons que cette dernière situation se produit assez souvent, contrairement aux deux précédentes. Cependant, le fait qu'elle se produise ou non est lié aux particularités d'une affaire précise, tandis que la thèse de la sous-détermination est un principe *général* censé s'appliquer à *tous* les cas.
341. Dans le célèbre article où Quine présente la version moderne de la thèse de la sous-détermination, il va même jusqu'à changer le sens de certains mots et les règles de la logique pour montrer que n'importe quelle affirmation peut être tenue pour vraie, « quoi qu'il arrive » (Quine, 1980, p. 43).

« théories » comme celles-là ne sont pas prises au sérieux, pas plus que le solipsisme ou le scepticisme radical. Nous les appellerons donc « théories folles[342] » – même s'il n'est pas facile de définir précisément ce qui fait qu'une théorie *n'est pas* « folle ». Notez que ces théories ne demandent aucun travail préalable : on peut les formuler entièrement *a priori*. En revanche, devant une série de faits donnés, le problème difficile est précisément de trouver ne serait-ce qu'une seule théorie « non folle » capable de les expliquer.

Prenons un exemple. Supposons une enquête policière à propos d'un crime donné. Il est relativement simple d'inventer un scénario qui « explique les faits », de façon *ad hoc*, à partir des éléments dont on dispose ; les avocats ne font d'ailleurs parfois rien d'autre. Ce qui est difficile, c'est de découvrir le véritable auteur du crime et de trouver des preuves établissant sa culpabilité au-delà de tout doute raisonnable. Il suffit de réfléchir à cet exemple très simple pour mieux comprendre ce qu'implique la thèse de la sous-détermination. En pratique, malgré l'existence d'une infinité de « théories folles » sur un crime donné, il arrive parfois qu'il n'y ait qu'une seule théorie – c'est-à-dire un seul scénario concernant l'auteur du crime et la manière dont le crime a été commis – qui soit *plausible* et compatible avec les faits connus. On dira alors que le criminel a été démasqué et on pourra l'affirmer avec un fort degré de présomption, mais jamais avec certitude. Il peut aussi arriver que l'on ne trouve aucune théorie plausible ou qu'on soit dans l'impossibilité de déterminer qui, parmi une série de suspects, est le vrai coupable. Dans ces derniers cas, la sous-détermination est réelle[343].

---

342. Ou « monstruosités de Duhem-Quine », comme les appelle le physicien David Mermin. Voir Mermin (1998a).

343. L'idée que l'observation dépend de la théorie (*theory-ladenness of observation*, voir notamment Sokal et Bricmont, 1997, p. 69-70 pour une introduction élémentaire) est étroitement liée au problème de la sous-détermination. Les relativistes la citent souvent comme un argument qui renforce leur position. En réalité, il n'en est rien. Thomas Nagel nous donne un exemple fort instructif :

On peut se demander s'il existe des formes de sous-détermination plus subtiles que celles qui apparaissent dans les problématiques de type Duhem-Quine. Pour répondre à cette question, nous prendrons l'exemple de l'électromagnétisme classique. Cette théorie décrit comment des particules dotées d'une propriété quantifiable appelée « charge électrique » produisent des « champs électromagnétiques » qui se « propagent dans le vide » d'une façon précise puis « guident » le mouvement de particules chargées lorsqu'elles les rencontrent[344]. Évidemment, personne ne « voit » jamais directement ces champs électromagnétiques ou ces charges. Devrait-on, par conséquent, interpréter cette théorie de manière « réaliste », et, si oui, quelle signification doit-on lui donner ?

> Supposons que j'aie pour théorie qu'en me nourrissant exclusivement de biscuits au caramel je perdrai un demi-kilo par jour. Si je ne mange que des biscuits au caramel et me pèse tous les matins, ma lecture des chiffres indiqués par la balance dépendra assurément d'une théorie mécanique du rapport entre le mouvement des aiguilles et le poids des objets posés sur la balance. Mais elle ne dépendra pas de mes théories diététiques. Si, en constatant que les chiffres indiqués par la balance sont de plus en plus élevés, j'en déduisais que ma consommation de biscuits au caramel a altéré les lois de la mécanique dans ma salle de bains, ce serait une ineptie philosophique que de défendre la validité de cette inférence en invoquant le précepte de Quine selon lequel toutes nos affirmations sur le monde extérieur passent devant le tribunal de l'expérience collectivement, et non une par une. Certaines révisions inspirées par les faits sont raisonnables, d'autres sont pathologiques (Nagel, 1998, p. 35).

Bien que l'assertion de Quine selon laquelle « toute affirmation peut être tenue pour vraie quoi qu'il arrive » (Quine, 1980, p. 43) puisse être interprétée comme une apologie du relativisme radical, sa discussion (p. 43-44) suggère que ce n'était nullement son intention et qu'il est d'accord avec Nagel pour dire que certaines modifications de nos systèmes de croyances face à des « expériences récalcitrantes » sont plus raisonnables que d'autres. De plus, dans la préface à l'édition de 1980 de son livre, Quine est revenu sur son affirmation antérieure, selon laquelle l'unité de signification empirique était « la science tout entière » (p. 42), et a déclaré, à juste titre, selon nous, que « le contenu empirique est une propriété collective d'agrégats d'assertions scientifiques et, pour l'essentiel, ne peut pas être réparti entre elles. En pratique, l'agrégat pertinent n'est en fait jamais la science tout entière » (p. viii).

344. Nous nous référons ici aux équations de Maxwell décrivant la production des champs par les charges et leur propagation, ainsi qu'à la force de Lorentz décrivant la manière dont les champs « guident » les particules.

La théorie électromagnétique classique a été amplement étayée par des expériences précises et constitue le fondement d'une grande partie de la technologie moderne. Sa validité est confirmée chaque fois que l'un d'entre nous allume son ordinateur et constate qu'il fonctionne correctement. Ces innombrables confirmations empiriques signifient-elles pour autant qu'il existe « réellement » des champs électriques et magnétiques qui se propagent dans le vide ? En faveur de cette hypothèse, on pourrait dire que la théorie électromagnétique postule leur existence et qu'il n'existe aucune théorie « non folle » capable d'expliquer aussi bien les mêmes faits. Par conséquent, il est raisonnable de penser que les champs électromagnétiques existent *réellement*.

Mais est-il exact qu'il n'existe aucune autre théorie raisonnable qui puisse les expliquer ? Examinons la possibilité suivante. Postulons qu'il n'existe pas de champs se propageant dans le « vide », mais uniquement des « forces » qui agissent directement entre les particules chargées[345]. Évidemment, pour préserver l'adéquation empirique de la théorie, on doit utiliser exactement le même système d'équations de Maxwell-Lorentz que celui qu'on utilise habituellement (ou un système mathématiquement équivalent). Néanmoins, on pourrait concevoir ces champs comme de simples « instruments mathématiques » permettant de calculer plus facilement l'effet exact des forces « réelles » qui opèrent entre les particules chargées[346]. Un

---

345. Étant donné que les champs électromagnétiques se propagent à une vitesse finie, les forces présentées ici, contrairement à celles qui sont en jeu dans la mécanique newtonienne, devraient agir d'une manière non instantanée (c'est-à-dire retardée).

346. Cette attitude rappelle celle de l'adversaire de Galilée, le cardinal Bellarmin, qui était disposé à accepter le système copernicien comme « instrument de calcul » destiné à prédire le mouvement des planètes. Il était même prêt à reconnaître l'adéquation empirique supérieure du système copernicien par rapport au système ptoléméen – même si, à l'époque, cela n'était pas encore exact, et ne le devint que cinquante ans plus tard lorsque la mécanique newtonienne fut développée. Il insistait seulement sur le fait que la Terre ne tourne pas *réellement* autour du Soleil.

physicien lisant ces lignes dirait sans doute qu'il s'agit là d'une sorte de spéculation métaphysique, voire d'un jeu sur les mots, et que cette « théorie alternative » n'est qu'une version déguisée de la théorie électromagnétique classique. Or, même si le sens exact du mot « métaphysique » est difficile à cerner[347], on peut penser, dans un sens un peu vague, que, si nous utilisons exactement les mêmes équations (ou une série d'équations équivalentes d'un point de vue mathématique) et formulons exactement les mêmes prédictions dans les deux théories, alors ces dernières sont réellement *identiques* sur le plan de la « physique », et la différence entre les deux – pour peu qu'il y en ait une – sort de son domaine.

On peut faire la même observation à propos de la plupart des théories de la physique. Ainsi, en mécanique classique, existe-t-il réellement des forces qui agissent sur les particules ou les particules suivent-elles des trajectoires définies par des principes variationnels ? Dans la relativité générale, l'espace-temps est-il réellement courbe ou existe-t-il des champs qui contraignent les particules à se déplacer *comme si* l'espace-temps était courbe[348] ? Nous appellerons ce type de

---

347. Dans les années 1950, Bertrand Russell a observé : « Aujourd'hui, l'accusation de métaphysique en philosophie est devenue semblable à celle de menace à la sécurité de l'État dans la fonction publique [...]. La seule définition que j'aie pu trouver et qui convienne à tous les cas de figure est : une opinion philosophique qui n'est pas celle défendue par le présent auteur » (Russell, 1995 [1959], p. 164).

348. Poincaré a beaucoup insisté sur ce type de sous-détermination. Par exemple, il a souligné que nous ne pouvions pas savoir si la Terre « tournait » réellement (Poincaré, 1904). En effet, on peut toujours choisir un système de référence dans lequel la Terre est immobile et ne tourne pas. Mais il faut bien comprendre que, dans ce cas, il faut considérer les forces d'inertie (par exemple la force de Coriolis) qui « agissent » sur les étoiles distantes et les font se mouvoir plus vite que la lumière comme « réelles ». Il est intéressant de noter que, lorsque Poincaré a formulé cette proposition, elle a été interprétée par certains membres du clergé (au début du XXe siècle !) comme justifiant la condamnation de Galilée par l'Église (voir Mawhin, 1996 pour une analyse historique détaillée). Mais cette attitude révèle un profond malentendu. Pour l'Église, l'immobilité de la Terre était bien plus absolue que ce qu'avait suggéré Poincaré. En fait, le point de vue de Poincaré ne fait sens qu'à l'intérieur d'un cadre théorique (celui de la mécanique classique) établi par Galilée, Newton et leurs successeurs.

sous-détermination « authentique », par opposition aux sous-déterminations « folles » qu'implique la thèse classique de Duhem-Quine. En les qualifiant d'« authentiques », nous ne voulons pas dire que ce type de sous-déterminations vaut la peine qu'on y perde le sommeil, mais simplement qu'il n'existe aucun moyen rationnel de choisir (du moins sur des bases uniquement empiriques) entre ces théories alternatives, à supposer qu'on doive les considérer comme différentes.

Il est important de garder à l'esprit que les deux types de sous-déterminations ne sont pas construits de la même manière : celui de Duhem-Quine peut se construire à partir d'un pur raisonnement intellectuel, tandis que l'autre dépend, du moins partiellement, de la forme concrète des théories scientifiques. Pour la philosophie des sciences, tenter de décrire aussi précisément que possible les diverses « métaphysiques » qui peuvent être naturellement associées à une théorie scientifique donnée constitue assurément une tâche intéressante, mais fort difficile.

Cependant, nous ne sommes pas encore au bout de notre réflexion. Il existe une autre théorie rivale de l'électromagnétisme classique : l'électromagnétisme quantique, également appelé « électrodynamique quantique ». Cette théorie a bel et bien supplanté l'électromagnétisme classique en tant que description fondamentale de la réalité ; on considère aujourd'hui l'électromagnétisme classique comme une sorte d'approximation de l'électrodynamique quantique, valide uniquement pour une catégorie de phénomènes plus ou moins bien définis, pour lesquels les effets quantiques sont négligeables. Voilà une situation qui permet au réaliste de retrouver un certain espoir : il se pourrait que la théorie la plus fondamentale, en l'occurrence l'électrodynamique quantique, ne suppose qu'une seule série d'entités « naturelles » inobservables, dont l'existence serait donc étayée par la réussite empirique de la théorie. Cette hypothèse est envisageable mais peu probable : plus nous descendons au cœur de la véritable nature des choses, plus ces choses tendent à nous paraître *étranges*[349]. Même dans la mécanique quantique non relativiste, le statut d'entités non observables comme la fonction d'onde est loin d'être clair ; et, bien qu'il soit hasardeux de chercher à prédire l'avenir, il semble improbable qu'une théorie plus profonde, voire définitive, puisse un jour donner lieu à une interprétation unique en termes d'entités inobservables.

Un autre problème se pose au réalisme : celui de la signification. Avant de demander si les champs électromagnétiques existent réellement, on pourrait commencer par se demander ce que signifie le terme « champ électromagnétique ». S'agit-il d'une expression mathématique ? Dans ce cas, que peut bien signifier l'existence de cette expression dans le monde réel ? Lorsqu'on cherche à répondre à cette question, il en apparaît aussitôt d'autres, celle du statut des objets mathématiques et de la correspondance entre ces objets et le monde réel.

L'INSTRUMENTALISME

Les problèmes rencontrés par une approche réaliste pure et dure de la science, particulièrement de la physique fondamentale, incitent à adopter une attitude plus modeste. Peut-être devrions-nous renoncer à tenter de comprendre le monde « tel qu'il est réellement » et nous contenter de chercher des théories empiriquement adéquates, logiquement cohérentes, simples, et ainsi de suite.

Un message récemment envoyé au forum de discussion Scipolicy-L livre un exemple d'attitude pragmatique poussée jusqu'à l'absurde. L'auteur est prêt à défendre la science contre

---

349. Cela n'est pas surprenant : plus nous descendons au cœur de la véritable nature des choses, plus nous nous éloignons des intuitions à propos des objets macroscopiques (et de la psychologie humaine, etc.) qui ont été gravées dans notre cerveau par la sélection naturelle.

la « déconstruction » postmoderne, mais à condition que les scientifiques s'abstiennent de formuler des assertions « métaphysiques » infondées :

> L'idée que les lois de la physique s'appliquent ailleurs que dans les expériences de physique [...] me semble être une affirmation *métaphysique* dans le mauvais sens du terme [...].
> Si l'on adopte une interprétation non métaphysique des lois de la physique, il faudrait dire : chaque fois que nous, physiciens, réalisons une expérience X, le résultat que nous observons est Y [...].
> Ce que les philosophes ou les herméneutes *devraient* essayer de faire comprendre aux scientifiques, c'est que les lois de la physique s'appliquent *uniquement* au domaine expérimental et à l'activité des physiciens [...][350].

Cependant, si les lois de la physique, inférées à partir d'expériences réalisées en laboratoire, n'ont aucune validité à l'extérieur des laboratoires, pourquoi diable s'amuserait-on à faire de telles expériences ? Après tout, l'expérience n'est pas une fin en soi, comme le football ou les échecs, elle n'est qu'un moyen au service d'une fin plus élevée, c'est-à-dire l'obtention d'informations sur les propriétés *universelles* du monde naturel. Un travail acharné pendant les quatre cents dernières années a montré que l'expérimentation méthodique et contrôlée peut engendrer un savoir sur le monde, un savoir qu'il serait difficile, voire impossible d'obtenir par l'observation passive. De plus, si les équations de Maxwell ne valent que dans les laboratoires de physique, comment pourrait-on *expliquer* de manière plausible, c'est-à-dire sans que le phénomène soit simplement considéré comme évident, par quel processus cette missive antimétaphysique est passée du clavier d'ordinateur de son auteur à l'écran du récepteur ?

---

350. Brad McCormick, message envoyé à Scipolicy-L@yahoogroups.com, 22 mai 2001, italique dans l'original.

Bien sûr, la plupart des philosophes des sciences qui se disent antiréalistes ne vont pas aussi loin. Ils ne contestent pas que la physique est tout aussi valide à l'extérieur qu'à l'intérieur des laboratoires, ils insistent simplement sur une interprétation plus modeste de l'affirmation que la physique « marche ». Oublions les prétentions « métaphysiques », disent-ils, et contentons-nous de viser l'adéquation empirique. Compte tenu des difficultés qu'éprouve le réalisme à préciser le statut d'entités « inobservables » telles que les forces, les champs et la courbure de l'espace-temps, oublions complètement ces entités métaphysiques et formulons nos théories physiques en termes de quantités observables, puisque ce sont les seuls éléments auxquels nous avons accès. Ou, encore, considérons ces entités comme de simples « instruments de calcul » – des fictions commodes – et évitons de les doter d'une quelconque réalité physique. Ce faisceau de positions connexes mais non identiques est souvent regroupé sous la désignation *instrumentalisme*, ou *opérationnalisme*. Cette doctrine a été défendue sous diverses formes, notamment par Pierre Duhem, Ernst Mach et les positivistes logiques du Cercle de Vienne, et a été largement admise par les physiciens entre 1890 et 1970, en paroles si ce n'est en actes[351].

Cependant, cette théorie se heurte également à des difficultés majeures. Tout d'abord, la définition de ce qui est « observable » est loin d'être claire. En effet, certaines observations sont faites en utilisant uniquement nos sens, sans aucune aide. Est-ce à dire que nous devrions nous limiter à ce type d'observations ? Peut-on avoir recours à des lunettes, des loupes, des télescopes ou des microscopes sans éprouver la nécessité de retranscrire les résultats de ces observations sous forme de données « purement » sensorielles ? Qu'en est-il des caméras infrarouges, des

---

351. Voir Weinberg (1992, p. 174-184) pour une analyse fort pertinente de ces idées.

microscopes électroniques et des télescopes à rayons gamma ? Des radars et des sonars[352] ? D'ailleurs, les observations que nous réalisons uniquement à l'aide de nos sens sont plus problématiques qu'il n'y paraît. Ainsi, lorsque je « vois » un verre posé sur une table devant moi, ce n'est pas réellement le verre que je vois. Mon œil absorbe les ondes électromagnétiques reflétées par le verre, puis mon cerveau en *déduit* l'existence et la position de cet objet matériel, ainsi que certaines de ses propriétés telles que sa forme, sa taille et sa couleur. En définitive, ce type de déduction n'est pas si différent des déductions plus explicites qu'effectuent les scientifiques lorsqu'ils passent des « données » à la « théorie »[353].

Le deuxième problème, plus fondamental, qui se pose à l'instrumentalisme est que la signification des mots qu'emploient les scientifiques dépasse de loin ce qui est « observable ». Prenons un exemple simple : les paléontologues ont-ils le droit de parler des dinosaures ? *A priori*, oui. Mais en quel sens les dinosaures sont-ils « observables » ? En fin de compte, toutes nos connaissances sur eux sont déduites de fossiles, seuls ces derniers ont donc été « observés ». Évidemment, les déductions dont nous parlons ici ne sont pas arbitraires, elles sont validées par la biologie – qui montre que les os font toujours partie d'un ensemble qui fut autrefois un organisme – et par la géologie – qui explique par quel processus les os se fossilisent. Mais ce qui est important, c'est que les données sur les fossiles sont des données indiquant l'existence de *quelque chose d'autre que ces fossiles mêmes :* les fossiles d'ossements de dinosaures montrent l'existence, à une certaine époque du passé, des dinosaures. Or le sens du mot « dinosaure » n'est pas facile à traduire

---

352. Peut-être est-il légitime pour les chauves-souris instrumentalistes de recourir aux données du sonar mais non aux données visuelles, tandis que l'inverse vaut pour les instrumentalistes humains.
353. Cet argument a été développé par Maxwell (1962).

dans un langage qui s'exprimerait uniquement en termes de fossiles[354].

Certains philosophes instrumentalistes se déclarent prêts à classer les dinosaures dans la catégorie des phénomènes « observables » au motif que, bien que *nous* ne puissions pas les observer, les dinosaures *auraient pu* être observés par l'homme si l'espèce humaine avait existé il y a cent millions d'années. Chacun est évidemment libre de définir le mot « observable » comme bon lui semble, mais il n'y a aucune garantie que le mot, ainsi défini, ait une quelconque signification épistémologique. En réalité, ni les dinosaures ni les électrons ne sont jamais observés directement, il s'agit de deux phénomènes dont l'existence a été inférée à partir d'autres observations, au moyen d'arguments qui sont d'une force comparable dans les deux cas. Il nous semble donc que l'alternative est claire : soit on reconnaît la validité de ce type d'inférences et du même coup la « réalité » probable (dans un sens ou un autre) tant des électrons que des dinosaures, soit on rejette toutes ces inférences, et l'on refuse de parler à la fois des dinosaures et des électrons[355]. Bien sûr,

---

354. Ainsi, les hypothèses concernant les habitudes alimentaires des dinosaures devraient être reformulées sous forme d'hypothèses concernant la corrélation spatiale entre certains types de fossiles et d'autres. Ce qui serait peu éclairant, pour ne pas dire plus.

355. Jim Brown (communication personnelle) fait justement observer que même les affirmations concernant des phénomènes « observables » sont souvent des déductions, et que « parfois, les observations déduites sont plus convaincantes que les observations directes. Je me souviens d'avoir lu un exemple amusant qui venait de Clarence Darrow [un célèbre avocat populiste américain]. Il défendait un syndicat qui avait été attaqué par les hommes de main d'une entreprise. L'un des hommes de main avait arraché l'oreille d'un syndicaliste avec ses dents. Le syndicat était poursuivi en justice, et Darrow espérait se servir de l'incident pour défendre le syndicat. Le témoin principal était à la barre.

Le procureur : L'avez-vous vu arracher l'oreille de cet homme ?

Le témoin : Non.

Darrow, repensant à l'affaire, dit que le procureur les avait alors battus et qu'il aurait dû renvoyer le témoin. Mais, bêtement, il continua à l'interroger :

Le procureur : Alors comment savez-vous qu'il lui a arraché l'oreille ?

Le témoin : Je l'ai vu la recracher ».

la *signification* du mot « électron » est bien plus obscure que celle du mot « dinosaure ». Vu que nous pouvons nous représenter mentalement des objets de taille moyenne comme les dinosaures, le sens des mots qui les décrivent est relativement clair, même si les objets qu'ils désignent ne sont jamais observés directement. Il n'en va pas de même pour des entités comme les électrons. C'est pourquoi nous nous bornons généralement à dire que les électrons existent « dans un sens ou un autre », tout en reconnaissant volontiers notre perplexité quant à ce qu'ils sont *réellement*[356,357].

Lorsqu'une théorie fait à plusieurs reprises des prédictions *surprenantes*, en particulier de phénomènes *nouveaux*, et que ces prédictions se trouvent confirmées par la suite, alors cette confirmation est une preuve convaincante que la théorie est « sur la bonne voie », c'est-à-dire qu'elle est au moins approximativement correcte et que les entités « inobservables » qu'elle postule existent réellement dans un sens ou un autre. Dans le cas contraire, comment pourrait-on expliquer que de telles prédictions « miraculeuses » se vérifient ? Si les théories scientifiques n'étaient rien de plus que des résumés simples et logiquement cohérents de données empiriques existantes, une bonne théorie permettrait uniquement de formuler des prédictions relatives aux phénomènes qu'elle se proposerait de résumer et à ceux qui leur sont étroitement

---

356. Comme l'a noté van Fraassen (1994, p. 268), les réalistes tendent à utiliser des objets de taille moyenne dans leurs raisonnements, tandis que les instrumentalistes plaident leur cause en se concentrant sur des entités fondamentales comme les forces ou les champs. Mais c'est lié au problème de la signification : si nous disons « X existe », nous devons savoir ce que « X » signifie, ce qui est moins évident pour les entités fondamentales que pour les objets de taille moyenne.

357. Soulignons cependant que nous comprenons bien mieux les *propriétés* des électrons que celles des dinosaures. Par exemple, nous savons prédire le moment magnétique de l'électron avec un degré de précision de onze chiffres après la virgule (voir plus loin), mais nous ne savons pas de quelle couleur étaient les dinosaures, si c'était des créatures à sang chaud, comment fonctionnait leur cœur, et ainsi de suite. Nous remercions Norm Levitt pour cette observation.

liés, mais *non* de prédire des phénomènes qui lui sont totalement étrangers. Ainsi, l'astronomie ptoléméenne était essentiellement une modélisation élaborée qui permettait d'intégrer l'ensemble des observations relatives au mouvement des planètes connues effectuées par le passé ; le mouvement futur des planètes étant fortement corrélé avec leur mouvement passé, il n'est pas surprenant que cette théorie soit parvenue à prédire les mouvements des planètes connues[358]. La réussite empirique de cette théorie ne fournit donc aucun motif solide de présumer qu'elle est approximativement correcte ou que ses entités théoriques, en l'occurrence les épicycles, existent réellement[359]. La mécanique newtonienne, en revanche, a non seulement expliqué les mouvements des planètes d'une manière beaucoup plus simple ($F = ma$ et la loi quadratique inverse) et donné une représentation unifiée du mouvement planétaire et terrestre, elle a également permis de prédire l'existence de planètes *encore inobservées* – comme Neptune qui, en 1846, à été localisée là où Le Verrier et Adams avaient prédit qu'elle devait se trouver[360] –

---

358. En effet, comme nous le savons maintenant, les mouvements des planètes demeurent non chaotiques pendant une durée d'au moins de quelques millions d'années.

359. Jim Brown (communication personnelle) a remarqué que l'astronomie ptoléméenne est en mesure de prédire des éclipses *sans avoir recours à aucune donnée relative à des éclipses passées* (les seules données utilisées sont des observations de la position du Soleil et de la Lune hors éclipse). Voilà qui constitue selon lui une prédiction surprenante. Nous sommes d'accord : en réalité, cela montre qu'*un* aspect du cadre théorique de l'astronomie ptoléméenne – le fait que les éclipses solaires ont lieu lorsque la Lune cache le Soleil – est réellement correct, du moins approximativement. Les éclipses sont effectivement liées aux mouvements hors éclipse du Soleil et de la Lune, exactement de la manière dont l'affirme la théorie ptoléméenne. Mais, pour ce qui est du mouvement des planètes, les prédictions de la théorie ptoléméenne ne sont pas surprenantes, car la théorie ne fait pas grand-chose de plus que résumer les données sur les mouvements planétaires à partir desquelles elle est construite.

360. Pour une histoire détaillée de la découverte de Neptune, voir par exemple Grosser (1962) ou Moore (1996, chapitres 2 et 3). Notons que la validité de notre observation demeure, qu'Adams et Le Verrier aient calculé correctement la prédiction newtonienne relative à la position de Neptune ou qu'ils l'aient découverte partiellement par hasard (comme cela semble d'ailleurs être le cas).

et le mouvement de satellites *qui n'avaient pas encore été lancés*. Ces faits, associés à toutes les autres confirmations empiriques de la mécanique newtonienne, prouvent à notre avis que la mécanique newtonienne a bel et bien compris *quelque chose* du monde, ce qui ne signifie évidemment pas qu'elle soit entièrement correcte ou que son ontologie soit fondamentale.

Prenons un exemple encore plus frappant. L'électrodynamique quantique prédit que le moment magnétique de l'électron (exprimé dans une unité de mesure précisément définie qui n'est pas importante pour la discussion) a la valeur suivante :

$$1{,}001\ 159\ 652\ 201 \pm 0{,}000\ 000\ 000\ 030$$

(où le symbole ± désigne les incertitudes du calcul théorique qui impliquent plusieurs approximations). Or une expérience récente a donné le résultat suivant :

$$1{,}001\ 159\ 652\ 188 \pm 0{,}000\ 000\ 000\ 004$$

(où le symbole ± désigne les incertitudes expérimentales[361]). Cet accord sur 11 décimales entre théorie et expérience – auquel on peut ajouter d'autres accords du même type bien que moins spectaculaires – tiendrait du miracle si l'électrodynamique quantique ne disait pas quelque chose d'au moins approximativement vrai sur le monde. En particulier, l'exactitude des prédictions de l'électrodynamique

---

Ce qui importe, c'est que, si l'on effectue les calculs corrects en s'appuyant sur la théorie de Newton, on parvient réellement à déterminer l'emplacement de Neptune tel qu'il ressort des observations.

361. Voir Kinoshita (1995) pour la théorie, Van Dyck *et al.* (1987) pour l'expérience. On trouvera une introduction non technique à ce problème chez Crane (1968). Voir également Lautrup et Zinkernagel (1999) pour une histoire très rigoureuse, qui montre que cette coïncidence entre théorie et expérience est réelle. (On pourrait se demander si le chiffre expérimental a été indûment influencé par le fait que les auteurs de l'expérience connaissaient la prévision théorique, ou *vice versa*, mais une analyse précise de l'histoire de cette expérience montre qu'il n'en est rien.)

quantique serait miraculeuse si les électrons n'existaient pas dans un sens ou un autre[362].

En fin de compte, une analyse critique du réalisme peut pousser à se tourner vers l'instrumentalisme. Mais l'analyse critique de l'instrumentalisme contraint à revenir à une forme modeste du réalisme. Que faire ? Avant de proposer une solution possible, examinons les options les plus radicales.

REDÉFINITIONS DE LA VÉRITÉ

Face aux problèmes que pose la sous-détermination, on peut être tenté de s'orienter vers une solution radicale : pourquoi ne pas renoncer à l'idée de « vérité » comme « correspondance avec la réalité » et en chercher une autre conception ? À l'heure actuelle, il existe au moins deux théories qui proposent ce type de solution. La première consiste à définir la vérité en termes d'utilité ou de commodité, la seconde est de la considérer comme un accord intersubjectif. Le philosophe Richard Rorty illustre les deux positions :

> Les philosophes comme Kuhn, Derrida, et moi-même, pensent qu'il est absurde de se demander si les montagnes existent réellement ou s'il est tout simplement commode pour nous de parler de montagnes[363].

> Les philosophes qui partagent mes positions pensent que l'objectivité n'est pas une question de correspondance avec les objets,

---

362. Une fois encore, nous disons « dans un sens ou un autre » afin de souligner que les électrons, les quarks, etc., n'appartiennent peut-être pas à l'ontologie fondamentale de l'univers, qu'ils ne sont peut-être que des approximations objectivement valides à certaines échelles de taille et d'énergie – comme nous savons maintenant que c'est le cas des « atomes » de Dalton. Ce point sera développé à la fin de cet Appendice.

363. Rorty (1998, p. 72). Voir également les critiques de Nagel (1997, p. 28-30) et Albert (1998) ; et voir Haack (1997) pour un contraste amusant entre deux philosophies radicalement différentes, bien que toutes deux « pragmatistes », celles de C. S. Peirce et de Rorty.

mais de se rapprocher d'autres sujets – l'objectivité n'est rien d'autre que l'intersubjectivité[364].

On retrouve des positions semblables chez certains fondateurs du « programme fort » en sociologie des sciences :

> Le relativiste, comme tout le monde, doit faire un tri parmi les croyances existantes, en accepter certaines et en rejeter d'autres. Il aura naturellement des préférences, et celles-ci vont en général coïncider avec celles d'autres personnes qui habitent au même endroit. Les mots « vrai » et « faux » fournissent l'idiome dans lequel ces évaluations sont exprimées, et les mots « rationnel » et « irrationnel » remplissent une fonction similaire[365].

Le meilleur moyen de constater que ces redéfinitions ne fonctionnent pas est de les appliquer à des exemples concrets. Ainsi, s'il est sans doute utile de faire croire aux gens que, s'ils conduisent en état d'ivresse, ils iront en enfer ou mourront du cancer, cela ne ferait pas de ces affirmations des affirmations vraies, du moins au sens que l'on donne intuitivement au mot « vrai ». De même, on s'accordait autrefois à dire que la Terre était plate, ou que le sang était statique, etc., et nous savons aujourd'hui que ces croyances sont fausses. L'accord intersubjectif ne coïncide donc pas avec la vérité – une fois encore, au sens que l'on donne intuitivement à ce terme.

Certes, nous nous appuyons ici sur une acception intuitive du sens du mot « vérité », et l'on pourrait peut-être exiger que nous en donnions une définition plus « rigoureuse ». Le problème est que toute définition tend à être circulaire ou à reposer sur des termes eux-mêmes non définis que soit on saisit intuitivement, soit on ne saisit pas du tout. La vérité se range naturellement dans cette dernière catégorie de termes[366].

---

364. Rorty (1998, p. 71-72).

365. Barnes et Bloor (1981, p. 27). Voir Sokal et Bricmont (1997, chap. 3) pour une critique.

366. Après tout, ceux qui demandent ce que signifie le mot « vérité » ne sont pas vraiment dans la même position que ceux qui se demandent ce qu'est une pieuvre ou qui était Xénophon.

Par ailleurs, un problème plus fondamental rencontré par ces redéfinitions de la vérité est que, contrairement à ce qu'elles prétendent, elles ne parviennent même pas à supplanter le concept traditionnel de « correspondance ». Prenons le concept d'utilité : lorsqu'on dit qu'une chose est utile (sert à réaliser un objectif concret), on émet déjà une affirmation objective, dans la mesure où cette chose doit *réellement* servir à accomplir la tâche à laquelle elle prétend être destinée. Implicitement, cette affirmation objective repose sur une conception de la vérité fondée sur la correspondance. La même remarque s'applique de manière encore plus évidente à l'accord intersubjectif : dire que les gens (les autres) pensent telle ou telle chose équivaut à émettre une affirmation objective qui décrit une partie du monde (social) « tel qu'il est[367] ».

Bien entendu, les partisans de la redéfinition de la vérité donnent parfois des arguments concrets pour étayer leur point de vue, comme celui qui apparaît dans le sophisme plus ou moins subtil suivant :

> Le seul critère dont nous disposons pour utiliser le mot « vrai » est la justification, et la justification dépend toujours d'un public. Partant, cette justification dépend des perspectives de ce public – les objectifs concrets qu'il cherche à accomplir et la situation dans laquelle il se trouve[368].

Si le début de la première phrase est exact, il ne s'ensuit nullement que la vérité soit identique à la justification. Une croyance peut fort bien être fondée rationnellement et se révéler fausse au terme d'un examen plus approfondi[369]. De

---

367. Pour une analyse de redéfinitions similaires de la vérité, voir la critique du pragmatisme de William James et John Dewey par Bertrand Russell (Russell, 1961a, chapitres 24 et 25, en particulier la page 779).
368. Rorty (1998, p. 4).
369. Hume (1988 [1748], section X) cite l'exemple d'une personne en Inde qui, d'une manière tout à fait rationnelle, a refusé de croire que l'eau pouvait devenir solide en hiver (l'eau se solidifie très rapidement lorsque la température atteint le seuil du gel, de sorte que, lorsqu'on vit dans un climat chaud, il est effectivement difficile de croire que l'eau peut geler). Cela montre que les déductions rationnelles effectuées à partir des données disponibles ne mènent pas nécessairement à des conclusions vraies.

plus, que veut-on dire lorsqu'on affirme que la justification est toujours relative aux objectifs qu'un public cherche à accomplir ? Cette affirmation introduit une confusion insidieuse entre savoir et valeurs, car elle suggère implicitement que tout savoir est lié à un « objectif concret », c'est-à-dire à un but non cognitif. Et si le « public » désirait simplement comprendre, du moins partiellement, comment le monde fonctionne réellement ? Rorty rétorquerait peut-être qu'un tel objectif ne peut pas être atteint, comme le suggère la déclaration suivante : « Un objectif est une chose dont on peut savoir qu'on s'en approche ou qu'on s'en éloigne. Mais nous n'avons aucun moyen d'évaluer la distance qui nous sépare de la vérité, ni même de savoir si nous sommes plus près d'elle que nos ancêtres[370]. » En est-il vraiment ainsi ? Certains de nos ancêtres pensaient que la Terre était plate. Ne savons-nous pas aujourd'hui qu'ils se trompaient ? Ne sommes-nous pas, à cet égard, plus près de la vérité ?

Ce point de vue est si peu tenable qu'on est contraint d'en donner une interprétation « charitable ». Peut-être que, par « vérité », Rorty fait référence à quelque chose comme les lois fondamentales de la physique régissant l'univers, ou à une vérité « absolue » révélée uniquement par la pensée pure, comme dans la métaphysique classique. Dans ce cas, il est raisonnable de douter de nos capacités à découvrir de telles vérités. Mais si c'est là ce que Rorty veut dire, qu'il le dise clairement au lieu de formuler des affirmations qui prétendent s'appliquer à toutes les formes de connaissance possibles. Une autre possibilité est que Rorty ne fasse que reprendre l'idée selon laquelle toute affirmation factuelle (même à propos du fait que la Terre n'est pas plate) peut être mise en cause par un sceptique radical. Mais c'est là une idée qui n'est pas particulièrement nouvelle.

---

370. Rorty (1998, p. 3-4).

LE RELATIVISME COGNITIF

Par « relativisme cognitif », nous désignerons tout système philosophique qui postule que la vérité ou la fausseté d'une affirmation est relative à un individu ou à un groupe social[371].

Il convient de noter tout d'abord à propos du relativisme cognitif qu'il est la suite logique d'une redéfinition radicale de la vérité. En effet, si la vérité se réduit à l'utilité, alors la « vérité » d'une proposition dépendra de l'individu ou du groupe social pour lequel cette proposition est censée être utile. De même, si la vérité se réduit à un accord intersubjectif, alors la vérité d'une proposition dépendra du groupe au sein duquel cet accord est conclu. En revanche, si nous adoptons le concept traditionnel de vérité fondé sur la correspondance, le relativisme cognitif devient manifestement faux : puisqu'une proposition est vraie dans la mesure où elle reflète le monde tel qu'il est (du moins certains de ses aspects), sa vérité ou sa fausseté dépend de ce qu'est le monde et non des croyances ou autres caractéristiques d'un individu ou d'un groupe.

Comme nous avons déjà examiné les redéfinitions de la vérité, il reste peu de choses à ajouter, hormis peut-être que, pour un scientifique ordinaire – que ce dernier étudie la nature ou la société –, adopter, même implicitement, la position du relativisme cognitif n'a aucun sens. Adopter une telle position équivaut à renoncer à la recherche d'un savoir objectif et, partant, au but même de la science. Toutefois, il semble que certains historiens et sociologues veuillent à la fois le beurre et l'argent du beurre : adopter une position relativiste lorsqu'il s'agit des sciences de la nature et une position objec-

---

371. Nous n'aborderons que le relativisme qui concerne les affirmations factuelles (c'est-à-dire qui portent sur ce qui existe ou ce qui est présumé exister), et nous laisserons de côté le relativisme portant sur les jugements éthiques ou esthétiques.

tiviste (voire un réalisme naïf) lorsqu'il s'agit des sciences sociales[372]. Mais une telle attitude n'est pas cohérente. Après tout, la recherche en histoire, et particulièrement en histoire des sciences, a recours à des méthodes qui ne sont pas fondamentalement différentes de celles qu'utilisent les sciences de la nature : l'étude de documents, la recherche des déductions les plus rationnelles, l'induction à partir des données disponibles, et ainsi de suite. Si des raisonnements de ce type en physique ou en biologie ne nous permettaient pas d'arriver à des conclusions plus ou moins fiables, pourquoi leur ferait-on confiance en histoire ou en sociologie ? Pourquoi tenir un discours réaliste sur des catégories historiques telles que les paradigmes de Kuhn s'il est illusoire de tenir un discours réaliste sur les concepts scientifiques (dont la définition est d'ailleurs bien plus précise) tels que les électrons ou l'ADN ?

Vers une épistémologie raisonnable

L'OPPORTUNISME ÉPISTÉMOLOGIQUE

Étant donné que l'instrumentalisme, si l'on s'en tient à une formulation stricte de sa doctrine, n'est pas défendable et que la redéfinition de la vérité ne fait qu'aggraver les choses, quelle position adopter ? La citation d'Einstein qui suit semble suggérer l'amorce d'une réponse sensée :

> La science sans épistémologie – à supposer qu'une telle science soit concevable – est primitive et confuse. Toutefois, à peine l'épistémologue en quête d'un système cohérent est-il parvenu à l'établir qu'il tend à interpréter le contenu intellectuel de la science selon ce système et à rejeter tout ce qui ne peut pas y

---

372. Voir Sokal et Bricmont (1997, chapitre 3) pour des citations de Kuhn, Feyerabend, Barnes-Bloor et Fourez sur ce sujet, ainsi qu'une critique détaillée.

entrer. Le scientifique, en revanche, ne peut pas se permettre de pousser ses ambitions épistémologiques aussi loin [...]. C'est pourquoi, auprès de l'épistémologue systématique, il passe nécessairement pour un opportuniste sans scrupules[373].

Essayons donc l'opportunisme épistémologique et voyons ce que cela nous donne. D'une certaine manière, nous sommes « coupés » de la réalité : nous n'y avons pas accès de façon immédiate, le scepticisme radical ne peut être réfuté, etc. Nous ne disposons d'aucun fondement absolument stable sur lequel édifier notre savoir. Cependant, nous présupposons tous implicitement que nous pouvons obtenir des connaissances relativement fiables sur la réalité, du moins dans la vie quotidienne. Il ne nous reste donc qu'à mobiliser toutes les ressources de nos esprits faillibles et limités – l'observation, l'expérience, le raisonnement – et à voir jusqu'où nous pouvons aller. Le plus surprenant, c'est jusqu'où on semble pouvoir aller, comme le montre l'évolution de la science moderne.

À moins d'être un véritable solipsiste ou un sceptique radical – et personne ne l'est jamais véritablement –, on est contraint d'être réaliste au moins pour *certaines choses* : que ce soient pour les objets de la vie quotidienne, le passé, les dinosaures, les étoiles, les virus. Cependant, il n'existe pas de frontière clairement définie au-delà de laquelle on pourrait opérer un revirement total et devenir résolument instrumentaliste ou pragmatiste (par exemple dès qu'il s'agit d'atomes ou de quarks). Les différences entre un quark et une chaise sont nombreuses : elles tiennent tant à la nature des preuves qui attestent de leur existence qu'à la signification que nous donnons à ces deux termes. Mais, fondamentalement, il ne s'agit que de différences de degré. Les instrumentalistes ont raison de dire que la signification de propositions qui portent sur des entités inobservables (telles que « quark ») dépend en partie de leurs incidences sur l'observation directe. Mais seulement en partie. S'il est difficile de décrire précisément le processus par

---

373. Einstein (1949, p. 684).

lequel nous donnons un sens aux expressions scientifiques, il semble plausible d'affirmer qu'il consiste à associer des observations directes, des représentations mentales et des formules mathématiques, et il n'existe aucune raison de se limiter à une seule de ces démarches. De même, les conventionnalistes comme Poincaré ont raison d'observer que certains « choix » scientifiques, comme celui de privilégier les systèmes de référence inertiels par rapport aux systèmes non inertiels, sont dus à des motifs pragmatiques plutôt qu'à des considérations objectives. Pour toutes ces raisons, nous ne pouvons pas être autre chose que des « opportunistes épistémologiques ». Mais que l'on s'avise d'interpréter n'importe laquelle de ces théories comme une doctrine rigide remplaçant le « réalisme », et le remède devient pire que le mal lui-même.

Un ami nous a dit un jour : « Je suis un réaliste naïf. Mais je reconnais que la science est difficile. » Tout le problème est là. L'objectif de la science est la connaissance de la nature véritable des choses. Cet objectif est ambitieux, mais il n'est pas inaccessible, du moins pour certaines sections de la réalité et si l'on accepte un certain degré d'approximation. Si nous changeons d'objectif pour viser par exemple le consensus ou, solution moins radicale, l'adéquation empirique, les choses deviennent tout de suite beaucoup plus faciles. Mais, comme l'a observé Bertrand Russell, dans un contexte similaire, cette option présente tous les avantages du vol sur le labeur honnête.

N'oublions pas que la connaissance scientifique n'a besoin d'aucune « légitimation » de l'extérieur. La légitimation de la validité objective des théories scientifiques (qui montre que ces dernières livrent des vérités au moins approximatives sur le monde) repose sur leurs arguments théoriques et empiriques. Certes, les philosophes, les historiens et les sociologues peuvent être impressionnés par le succès des sciences naturelles – ce fut le cas des positivistes logiques – et chercher à comprendre comment la science fonctionne. Cependant, il leur faut éviter deux erreurs fréquentes. La première consiste à penser que, si une théorie particulière a échoué (disons le positivisme logique ou le système de Popper), alors il doit *forcément* en exister une autre qui fonctionne (par exemple la théorie socio-historique). Ce raisonnement est manifestement bancal : il se peut fort bien qu'il n'existe actuellement *aucune* théorie qui fonctionne[374]. La seconde erreur, plus grave, est de penser que notre incapacité à expliquer la réussite de la science en termes généraux rend la connaissance scientifique moins fiable ou moins objective. Ce raisonnement repose sur une confusion entre l'explication et la justification. Après tout, Einstein et Darwin ont donné des arguments pour défendre leurs théories, et ces arguments étaient loin d'être tous erronés. C'est pourquoi, même si les épistémologies de Carnap ou de Popper étaient entièrement fausses, cela ne remettrait nullement en cause la théorie de la relativité ou de l'évolution.

En outre, la thèse de la sous-détermination, loin de compromettre l'objectivité scientifique, rend la réussite de la science encore plus remarquable. Ce qui est difficile, en effet, ce n'est pas de trouver une théorie qui « colle avec les faits », mais d'en trouver ne serait-ce qu'une seule qui soit en concordance avec les faits et qui à la fois ne soit pas « folle ». Comment sait-on qu'une telle théorie n'est pas « folle » ? En associant plusieurs critères : sa capacité à faire des prédictions qui se vérifient, sa valeur explicative, l'ampleur de son champ d'application, sa simplicité, et ainsi de suite. La thèse de la sous-détermination de Quine ne nous donne aucun élément nous disant comment trouver des théories non équivalentes dotées de toutes ces propriétés ou même d'un certain nombre d'entre elles. En fait, dans de nombreux domaines de la physique, de la chimie et de la biologie, il n'existe qu'une seule théorie « non folle[375] » capable d'expliquer les

---

374. McGinn (1993, chap. 7) fait la remarque fort intéressante que la compréhension de nos mécanismes de production du savoir se situe peut-être au-delà des limites de ce qui est biologiquement accessible à nos esprits limités.

375. Mis à part les sous-déterminations « authentiques » examinées précédemment.

faits connus, qui s'est imposée après que de nombreuses autres théories ont été testées et ont échoué parce que leurs prédictions contredisaient l'expérience. Dans ces domaines, on est en droit de penser que nos théories actuelles sont au moins approximativement vraies, en un sens ou un autre. Un problème essentiel et difficile qui se pose à la philosophie des sciences est de clarifier le sens de la formule « approximativement vrai » et d'en étudier les conséquences pour le statut ontologique des entités théoriques inobservables. Nous ne prétendons pas détenir la solution de ce problème. Cependant, nous souhaitons proposer dans ce qui suit quelques pistes qui pourraient s'avérer fécondes.

LE MONDE SELON LE GROUPE DE RENORMALISATION

On peut clarifier le statut des entités inobservables en physique fondamentale en examinant le rapport entre les « niveaux » de théorisation successifs d'un même objet physique. Ainsi, dans la vie quotidienne, les chaises nous apparaissent comme des objets solides, et l'eau comme un fluide continu. La théorie atomique, en revanche, nous apprend que les chaises comme l'eau sont constituées d'atomes. Ces deux niveaux de description supposent donc deux ontologies radicalement différentes. Cependant, la théorie atomique ne dit pas que nos intuitions quotidiennes sont erronées. Bien au contraire, la théorie atomique *implique* que certains agrégats d'atomes, à une échelle macroscopique, prennent l'aspect d'objets solides en raison des fortes répulsions électriques entre protons, et d'autres, l'aspect de fluides[376]. C'est pourquoi l'ontologie non fondamentale de la vie quotidienne (solides et

---

376. Évidemment, les détails de ces théories n'ont pas encore été complètement éclaircis – nous ne savons toujours pas prédire quantitativement, directement à partir de la théorie atomique, la dureté d'une chaise (ou de l'acier) ou la viscosité de l'eau. Cependant, d'un point de vue qualitatif, notre compréhension est relativement bonne.

fluides) peut être considérée comme une approximation macroscopique « grossière » (*coarse-grained*) de l'ontologie microscopique plus fondamentale des quarks et des électrons. Plus encore, la première, du moins en principe, doit pouvoir être *déduite* logiquement de la théorie fondamentale qui la sous-tend.

On constate que des théories physiques successives, toutes bien confirmées et relevant d'un même domaine, restent unies par une relation analogue. Ainsi, dans la mécanique newtonienne, les particules agissent les unes sur les autres par le biais de forces opérant simultanément et à distance. Dans la relativité générale, par contre, les particules et les champs modifient la géométrie de l'espace-temps qui agit à son tour sur le mouvement d'autres particules. Bien que les prédictions de la mécanique newtonienne et de la relativité générale concernant l'orbite des planètes ne présentent que des différences mineures, elles sont fondées sur des ontologies radicalement différentes. Néanmoins, d'une certaine manière, la mécanique newtonienne peut être déduite de la relativité générale, dont elle constituerait une approximation à basse vitesse et à champs faibles. Ainsi, l'ontologie de la mécanique newtonienne peut être conçue en un certain sens comme une version « grossière » de l'ontologie plus fondamentale de la relativité générale[377].

Les philosophes et les scientifiques raisonnables savent depuis bien longtemps que l'exactitude de toute mesure est limitée. Il est donc risqué de se fonder sur l'adéquation empirique d'une théorie – en 1850, par exemple, la mécanique newtonienne était en mesure d'expliquer tous les mouvements planétaires avec une précision extraordinaire – pour conclure que cette théorie est *exactement* correcte. Tout ce qu'on peut raisonnablement affirmer, c'est que la théorie en question est probablement *approximativement* correcte (à un

---

377. Nous disons « en un certain sens » car, une fois encore, ces dérivations sont difficiles (si l'on essaie d'en exposer tous les détails) et ne sont pas *pleinement* comprises aujourd'hui.

degré de précision donné) dans le domaine où elle a été amplement testée, de sorte que les théories suivantes devront intégrer la théorie antérieure en tant qu'approximation valide dans ce domaine particulier. Les considérations qui précèdent révèlent un autre danger : il se peut non seulement que la théorie ancienne soit approximative plutôt qu'exacte au sens quantitatif, mais aussi que sa vision de l'ontologie fondamentale du domaine auquel elle se rapporte soit complètement fausse. Néanmoins, cela ne signifie pas que cette ontologie soit *purement et simplement fausse,* mais que ce qui est présenté comme une entité fondamentale dans la théorie ancienne n'est en réalité qu'une entité non fondamentale dont la théorie suivante permet de déduire qu'elle est une version « grossière » de quelque chose de plus profond[378].

On peut donc raisonnablement supposer que la relation entre les théories actuelles bien confirmées et celles qui les suivront dans l'avenir ressemblera à celle qui unit les théories passées bien confirmées et celles qui leur ont succédé aujourd'hui. Ainsi, toute la physique atomique et toute la physique des particules élémentaires moderne sont fondées sur la théorie quantique des champs, notamment l'électrodynamique quantique et, d'une manière plus générale, le « modèle standard » des interactions électromagnétiques, faibles et fortes. Ces théories ont été amplement confirmées dans de très nombreux domaines, et leur degré d'exactitude est parfois spectaculaire[379]. De même, la relativité générale

---

378. Comme l'a remarqué Weinberg dans sa critique fort intéressante de Kuhn : « Si vous avez fait l'acquisition d'un de ces T-shirts sur lesquels les équations de Maxwell sont écrites, vous courrez peut-être le risque qu'il devienne démodé, mais pas que les équations deviennent fausses. Tant qu'il y aura des scientifiques, on continuera d'enseigner l'électrodynamique de Maxwell » (Weinberg, 1998). Weinberg établit une distinction importante entre la partie « molle » et la partie « dure » des théories scientifiques. La partie dure – constituée en substance des équations, de leur interprétation en termes opérationnels et de la catégorie de phénomènes auxquels elles s'appliquent – demeure inchangée lors de révolutions scientifiques. La partie molle, en revanche, qui concerne l'ontologie postulée par la théorie, a tendance à changer.

379. Voir entre autres le passage concernant le moment magnétique de l'électron plus haut.

constitue à l'heure actuelle la meilleure explication existante des phénomènes de gravitation, qu'il s'agisse du mouvement d'une balle de tennis ou des planètes, ou de l'univers tout entier. Elle a également été confirmée avec une précision impressionnante dans de nombreux domaines. Cependant, nous sommes relativement certains que ces deux théories ne *peuvent pas* être toutes deux *exactement* vraies, car leurs ontologies fondamentales sont incompatibles[380]. Nous espérons que la théorie quantique des champs et la relativité générale seront un jour supplantées par une théorie quantique de la gravitation encore inconnue. On ignore si ce processus s'arrêtera un jour avec la découverte d'une théorie fondamentale « définitive », ou s'il existe des théories successives « à l'infini[381] ». Quoi qu'il en soit, il semble raisonnable de supposer que les ontologies fondamentales de la théorie quantique des champs et de la relativité générale subsisteront toutes deux au sein de théories futures, en tant qu'ontologies non fondamentales, « grossières », valables dans certains domaines bien définis et à un certain degré d'exactitude.

Nous pouvons résumer l'ensemble de ces considérations par une vision du monde qui sous-tend la majeure partie de la pensée physique contemporaine : nous l'appellerons « le monde selon le groupe de renormalisation », en référence aux travaux effectués en mécanique statistique et dans la

---

380. Les champs de la relativité générale reflètent la géométrie d'une variété spatio-temporelle lisse, tandis que la mécanique quantique implique que tous les champs sont soumis à des fluctuations quantiques, plus intenses à des échelles plus petites. Il s'ensuit que, dans une théorie quantique où la géométrie est un champ dynamique, l'espace-temps, à de très petites échelles, ne *peut pas* être une variété lisse. Malheureusement, la contradiction *directe* entre la relativité générale et la mécanique quantique ne devient évidente qu'à des échelles de 10^{-33} centimètres et moins – un ordre de grandeur à peu près 10^{-25} fois plus petit que l'atome – ou, de façon équivalente, à un niveau d'énergie environ 10^{16} fois plus élevé que celui du supercollisionneur supraconducteur (RIP). Il est évident que ce domaine devra être exploré *indirectement*, s'il doit l'être un jour.

381. Voir Weinberg (1992) et Bohm (1984 [1957], chap. 5) pour des analyses fouillées de cette question, qui arrivent à des conclusions différentes.

théorie quantique des champs dans les années 1970, trop techniques pour être expliqués en détail ici. Ces travaux définissent assez précisément un cadre qui permet de considérer une théorie comme une approximation « grossière » d'une autre[382]. Selon cette vision du monde, la réalité est constituée d'une série d'« échelles » successives, dont les premières se perdent dans l'inconnu, et qui continuent par les quarks, les atomes, les fluides, les solides, et ainsi de suite jusqu'aux étoiles, aux galaxies, puis de nouveau à l'inconnu (les primates bipèdes sont à insérer quelque part au milieu). À chaque échelle, une théorie émerge de celle située à l'échelle qui la précède, plus fine, en ignorant certains des détails (non pertinents) de cette dernière. À chaque échelle, l'ontologie d'une théorie – tout particulièrement ses entités théoriques « inobservables » – peut en principe être interprétée comme effets « collectifs » ou « émergents » d'une théorie plus fondamentale située à une échelle plus fine.

Étant donné qu'aucune théorie existante ne prétend être définitive, il n'y a aucune raison de considérer ces théories comme littéralement vraies ou d'attacher une importance indue à la question de savoir si les entités qu'elle postule « existent réellement ». Pour être plus précis, lorsqu'on se demande si les entités inobservables postulées par une théorie donnée « existent réellement », il faut distinguer entre l'existence comprise comme *composante fondamentale de l'univers* et l'existence comprise *au sens d'une approximation grossière*. Il semble raisonnable de présumer qu'*aucune* des entités postulées par nos théories actuelles n'est absolument fondamentale, mais que *toutes* les entités théoriques de nos théories bien confirmées conserveront un certain statut en tant qu'entités dérivées dans les théories futures.

---

382. Pour une introduction non technique au groupe de renormalisation, voir Wilson (1979).

Bibliographie

ADAMS, Hunter Havelin III. 1983a. « African observers of the universe : The Sirius question ». *In* Van Sertima, Ivan, éd. *Blacks in Science : Ancient and Modern.* New Brunswick, NJ : Transaction Books, p. 27-46.

ADAMS, Hunter Havelin III. 1983b. « New Light on the Dogon and Sirius ». *In ibid.,* p. 47-50.

AL-'AZM, Sadiq. 1982. « A criticism of religious thought ». *In* John J. Donohue et John Esposito, éds., *Islam in Transition : Muslim Perspectives.* New York-Oxford : Oxford University Press, p. 113-119 [extrait et traduit de *Naqd al-Fikr al-Dini* (Critique de la pensée religieuse), Beyrouth : Dar al-Tali'ah, 1969].

ALBERT, Michael. 1998. « Rorty the public philosopher ». *Z Magazine,* novembre, p. 40-44.

ALLIGOOD, Martha Raile et MARRINER-TOMEY, Ann. 2002. *Nursing Theory : Utilization & Application,* 2ᵉ éd., St. Louis : Mosby.

ALVARES, Claude. 1988. « Science, colonialism and violence : A luddite view ». *In* Nandy, Ashis, éd., *Science, Hegemony and Violence : A Requiem for Modernity.* Tokyo : The United Nations University/Delhi : Oxford University Press.

ALVARES, Claude. 1992. *Science, Development and Violence : The Revolt against Modernity,* Delhi : Oxford University Press.

American Academy of Pediatrics, Committee on Bioethics [Frader, Joel E., *et al.*]. 1997. « Religious objections to medical care ». *Pediatrics* 99 (2), p. 279-281.

APPLEBY, Joyce O., HUNT, Lynn A. et JACOB, Margaret C. 1994. *Telling the Truth about History,* New York : Norton.

ARONOWITZ, Stanley. 1988. *Science as Power : Discourse and Ideology in Modern Society,* Minneapolis : University of Minnesota Press.

ARONOWITZ, Stanley. 1996. « The politics of the Science Wars ». *Social Text* 46-47, p. 177-197. [Reproduit dans Ross 1996, p. 202-225.]

ASSER, Seth M. et SWAN, Rita. 1998. « Child fatalities from religion-motivated medical neglect ». *Pediatrics* 101(4), p. 625-629.

ATRAN, Scott. 2002. *In Gods We Trust : The Evolutionary Landscape of Religion.* New York : Oxford University Press.

AVERY, D. H. et SCHMIDT, Peter R. 1986. « The use of preheated air in ancient and recent African iron smelting furnaces : A reply to Rehder ». *Journal of Field Archaeology* 13, p. 354-357.

BACON, Francis. 1986 [1620]. *Novum Organum.* Introd., trad. et notes par Michel Malherbe et Jean-Marie Pousseur. Paris : Presses universitaires de France.

BALARAM, P. 2001. « The astrology fallout ». *Current Science* [Inde] 80(9), p. 1085-1086.

BALCH, Robert W. 1995. « Waiting for the ships : Disillusionment and the revitalization of faith in Bo and Peep's UFO cult ». *In* James R. Lewis, éd. *The Gods Have Landed : New Religions from Other Worlds.* Albany, NY : State University of New York Press, p. 137-166.

BARBOUR, Ian G. 1990. *Religion in an Age of Science.* San Francisco : Harper & Row.

BARNES, Barry et BLOOR, David. 1981. « Relativism, rationalism and the sociology of knowledge ». *In* Martin Hollis et Steven Lukes, éds. *Rationality and Relativism.* Oxford : Blackwell, p. 21-47.

BARNES, Barry, BLOOR, David et HENRY, John. 1996. *Scientific Knowledge : A Sociological Analysis.* Chicago : University of Chicago Press.

BARRETT, Elizabeth Ann Manhart, éd. 1990. *Visions of Rogers' Science-Based Nursing.* New York : National League for Nursing.

BARRETT, Elizabeth Ann Manhart et MALINSKI, Violet M., éds. 1994. *Martha E. Rogers : 80 Years of Excellence.* New York : Society of Rogerian Scholars, Inc. Press.

BENSKI, Claude *et al.* 1996. *The Mars Effect : A French Test of over 1 000 Sports Champions.* Amherst, N.Y. : Prometheus Books.

BEYERSTEIN, Barry L. 1999. « Social and judgmental biases that make inert treatments seem to work ». *Scientific Review of Alternative Medicine* 3(2), p. 20-33.

BEYERSTEIN, Barry L. 2001. « Alternative medicine and common errors of reasoning ». *Academic Medicine* 76(3), p. 230-237.

BIDWAI, Praful. 2001. « Hindutva ire ». *Frontline* [Inde] 18(25), 8 décembre.

BOGHOSSIAN, Paul. 1996. « What the Sokal hoax ought to teach us. » *Times Literary Supplement*, 13 décembre, p. 14-15. Réimprimé dans *A House Built on Sand : Exposing Postmodernist Myths about Science*, édité par Noretta Koertge, p. 23-31. New York : Oxford University Press, 1998.

BOGUCKI, Peter. 1999. *The Origins of Human Society.* Malden, Mass. : Blackwell.

BOHM, David. 1951. *Quantum Theory.* New York : Prentice-Hall.

BOHM, David. 1952. « A suggested interpretation of the quantum theory in terms of "hidden" variables. I and II ». *Physical Review* 85, p. 166-179 et 180-193.

BOHM, David. 1980. *Wholeness and the Implicate Order.* Londres-Boston : Routledge & Kegan Paul. Trad. française : *La Plénitude de l'univers.* Monaco-Paris : Éditions du Rocher, 1987.

BOHM, David. 1984 [1957]. *Causality and Chance in Modern Physics*, 2ᵉ édition. Londres : Routledge.

BORELLI, Marianne D. et HEIDT, Patricia, éds. 1981. *Therapeutic Touch : A Book of Readings.* New York : Springer.

BOYER, Pascal. 2001. *Religion Explained : The Evolutionary Origins of Religious Thought.* New York : Basic Books.

BRENNAN, Patty. 1999. « Homeopathic remedies in prenatal care ». *Journal of Nurse-Midwifery* 44(3), p. 291-299.

BRICMONT, Jean. 1999. « Science et religion : l'irréductible antagonisme ». *In* Antoine Pickels et Jacques Sojcher, éds., *Où va Dieu ?*, p. 247-246. Revue de l'Université de Bruxelles, Éditions Complexe. [Reproduit dans *Agone* 23, 2000, p. 131-151, et Dubessy et Lecointre 2001, p. 121-138.]

BRICMONT, Jean et SOKAL, Alan D. 2000. « Authors' response [to David Turnbull, Henry Krips, Val Dusek and Steve Fuller] ». *Metascience* 9(3), p. 372-395.

BRICMONT, Jean et SOKAL, Alan D. 2001. « Science and sociology of science : Beyond war and peace. » *In the One Culture ? : A Conversation about Science*, édité par Jay Labinger et Harry Collins, p. 27-47, 179-183 et 243-254. Chicago : University of Chicago Press.

BRICMONT, Jean et SOKAL, Alan D. 2004a. « Defence of a modest scientific realism ». *In* Carrier, Martin, Roggenhofer, Johannes, Küppers Günter et Blanchard Philippe, éds., *Knowledge and the World : Challenges Bergond the Science Wars*, Berlin-Heidelberg, Spinger-Verlag, p. 17-45.

BRICMONT, Jean et SOKAL, Alan D. 2004b. « Reply to Gabriel Stolzenberg ». *Social Studies of Science* 34(1), p. 107-113.

BRICMONT, Jean et SOKAL, Alan D. 2004b. « Reply to Gabriel Stolzenberg ». *Social Studies of Science* 34(1), p. 107-113.

BROCH, Henri. 1992. *Au cœur de l'extraordinaire.* Bordeaux : L'Horizon chimérique.

BROWN, C. Mackenzie. 2003. « The conflict between religion and science in the light of the patterns of religious belief among scientists ». *Zygon* 38(3), p. 603-632.

BROWN, James Robert. 2000. « Privatizing the university : The new tragedy of the commons ». *Science* 290, p. 1701-1702.

BROWN, James Robert. 2001. *Who Rules in Science ? : An Opinionated Guide to the Wars.* Cambridge MA : Harvard University Press.

BURNHAM, John C. 1987. *How Superstition Won and Science Lost : Popularizing Science and Health in the United States.* New Brunswick, NJ : Rutgers University Press.

BUTCHER, Howard K. 1999. « Rogerian ethics : An ethical inquiry into Rogers' life and science ». *Nursing Science Quarterly* 12(2), p. 111-118.

CALLAHAN, Daniel, éd. 2000. *The Role of Complementary and Alternative Medicine : Accommodating Pluralism.* Washington : Georgetown University Press.

CAMPBELL, Bruce F. 1980. *Ancient Wisdom Revived : A History of the Theosophical Movement.* Berkeley-Los Angeles-Londres : University of California Press.

CAPRA, Fritjof. 1975. *The Tao of Physics : An Exploration of the Parallels between Modern Physics and Eastern Mysticism.* Berkeley, CA : Shambhala.

CARLSON, Maria. 1993. *« No Religion Higher than Truth » : A History of the Theosophical Movement in Russia, 1875-1922.* Princeton, NJ : Princeton University Press.

CASSIDY, Claire Monod. 2001. « Social and cultural context of complementary and alternative medicine systems ». *In* Micozzi 2001, p. 18-42.

CASTRO, Miranda. 1999. « Homeopathy : A theoretical framework and clinical application ». *Journal of Nurse-Midwifery* 44(3), p. 280-290.

CODY, William K. 2000. « Paradigm shift or paradigm drift ? A meditation on commitment and transcendence ». *Nursing Science Quarterly* 13(2), 93-102.

COLLINS, Harry M. 1981. « Stages in the empirical programme of relativism ». *Social Studies of Science* 11 : 3-10.

COLLINS, Harry M. 2001. « One more round with relativism ». *In* Labinger et Collins 2001, p. 184-195.

COWENS, Deborah et MONTE, Tom. 1996. *A Gift for Healing : How to Use Therapeutic Touch.* New York : Crown Trade Paperbacks.

CRANE, H. R. 1968. « The g factor of the electron ». *Scientific American,* n° 218(1), janvier, p. 72-85.

CREMO, Michael A. et THOMPSON, Richard L. 1993. *Forbidden Archeology : The Hidden History of the Human Race.* San Diego : Bhaktivedanta Institute.

DANI, S. G. *et al.* 2001. « Neither Vedic nor mathematics ». http://www.sacw.net/DC/CommunalismCollection/ArticlesArchive/NoVedic.html (consulté le 7 avril 2004).

DANIELS, Ted, éd. 1999. *A Doomsday Reader : Prophets, Predictors, and Hucksters of Salvation.* New York : New York University Press.

DASGUPTA, Subrata. 1999. *Jagadis Chandra Bose and the Indian Response to Western Science.* New Delhi-New York : Oxford University Press.

DAVIES, J. N. P. 1959. « The development of "scientific" medicine in the African kingdom of Bunyoro-Kitara ». *Medical History* 3, p. 47-57.

DAWKINS, Richard. 1987. *The Blind Watchmaker : Why the Evidence of Evolution Reveals a Universe without Design.* New York : Norton.

DAWKINS, Richard. 2003. *A Devil's Chaplain.* Londres : Weidenfeld & Nicholson.

DEMERITT, David. 1994. « Ecology, objectivity and critique in writings on nature and human societies ». *Journal of Historical Geography* 20(1), p. 22-37.

DEVITT, Michael. 1997. *Realism and Truth*, 2ᵉ édition avec une nouvelle postface. Princeton : Princeton University Press.

DOSSEY, Barbara Montgomery, éd. 1997. *Core Curriculum for Holistic Nursing* (American Holistic Nurses Association). Gaithersburg, Maryland : Aspen Publishers.

DOSSEY, Barbara Montgomery et GUZZETTA, Cathie E. 2000. « Holistic nursing practice ». *In* Dossey, Keegan et Guzzetta 2000, p. 5-33.

DOSSEY, Barbara Montgomery, KEEGAN, Lynn et GUZZETTA, Cathie E. 2000. *Holistic Nursing : A Handbook for Practice*, 3ᵉ édition. Gaithersburg, Maryland : Aspen Publishers.

DOSSEY, Larry. 1982. *Space, Time & Medicine*. Boston : Shambhala.

DOSSEY, Larry. 1989. *Recovering the Soul : A Scientific and Spiritual Search*. New York : Bantam.

DOSSEY, Larry. 1993. *Healing Words : The Power of Prayer and the Practice of Medicine*. San Francisco : Harper San Francisco.

DOSSEY, Larry. 1999. *Reinventing Medicine : Beyond Mind-Body to a New Era of Healing*. San Francisco : HarperSanFrancisco.

DOSSEY, Larry. 2001. *Healing beyond the Body : Medicine and the Infinite Reach of the Mind*. Boston : Shambhala.

DOVE, Dorinda et JOHNSON, Peter. 1999. « Oral evening primrose oil : Its effect on length of pregnancy and selected intrapartum outcomes in low-risk nulliparous women ». *Journal of Nurse-Midwifery* 44(3), p. 320-324.

DOWNEY, Gary Lee et ROGERS, Juan D. 1995. « On the politics of theorizing in a postmodern academy ». *American Anthropologist* 97(2), p. 269-281.

DROSNIN, Michael. 1998. *La Bible, le code secret*. Paris : France Loisirs.

DUBESSY, Jean et LECOINTRE, Guillaume, éds. 2001. *Intrusions spiritualistes et impostures intellectuelles en sciences*. Paris : Éditions Syllepse.

DWYER, James G. 2000. « Spiritual treatment exemptions to child medical neglect laws : What we outsiders should think ». *Notre Dame Law Review* 76(1), p. 147-177.

DYSON, Freeman J. 2000. « Science and religion can co-exist peacefully ». *The Independent* [Londres], 23 mars.

DYSON, Freeman J. 2002. « Science & religion : No ends in sight ». *New York Review of Books* 49(5), p. 4-6, 28 mars.

DZUREC, Laura Cox. 1989. « The necessity for and evolution of multiple paradigms for nursing research : A poststructuralist perspective ». *Advances in Nursing Science* 11(4), p. 69-77.

EASLA, Brian. 1981. *Science and Sexual Oppression : Patriarchy's Confrontation with Women and Nature*. Londres : Weidenfeld and Nicolson.

EINSTEIN, Albert. 1949. « Remarks concerning the essays brought together in this co-operative volume. » *In Albert Einstein, Philosopher-Scientist*, p. 665-688. Édité par Paul Arhur Schlipp. Evanston, Illinois (USA) : Library of Living Philosophers.

ELST, Konrad. 2001. *Decolonizing the Hindu Mind : Ideological Development of Hindu Revivalism*. New Dehli : Rupa & Co.

EVANS, Richard J. 1997. *In Defence of History*. Londres : Granta. [L'édition de 2001 comporte une postface qui répond en détail aux critiques adressées à l'ouvrage.]

FAWCETT, Jacqueline. 2000. *Analysis and Evaluation of Contemporary Nursing Knowledge : Nursing Models and Theories*. Philadelphie : F.A. Davis.

FAWCETT, Jacqueline. 2002. « The nurse theorists : 21st century updates – Jean Watson ». *Nursing Science Quarterly* 15(3), p. 214-219.

FEDER, Kenneth L. 2002. *Frauds, Myths and Mysteries : Science and Pseudoscience in Archaeology*, 4e éd. New York : McGraw-Hill/Mayfield.

FEIKIN, Daniel R. *et al.* 2000. « Individual and community risks of measles and pertussis associated with personal exemptions to immunization ». *Journal of the American Medical Association* 284 (24), p. 3145-3150.

FEUERSTEIN, Georg, KAK, Subhash et FRAWLEY, David. 1995. *In Search of the Cradle of Civilization : New Light on Ancient India*. Wheaton, Illinois : Quest Books (The Theosophical Publishing House).

FISCHER, Sandra et JOHNSON, Peter G. 1999. « Therapeutic touch : A viable link to midwifery practice ». *Journal of Nurse-Midwifery* 44(3), p. 300-309.

FITZPATRICK, Joyce J. 1994. « Rogers' contribution to the development of nursing as a science ». *In* Malinski, Barrett et Phillips 1994, p. 322-329.

FONTAINE, Karen Lee. 2000. *Healing Practices : Alternative Therapies for Nursing*. Upper Saddle River, NJ : Prentice Hall.

FRAWLEY, David. 1990. *From the River of Heaven : Hindu and Vedic Knowledge for the Modern Age*. Salt Lake City : Passage Press.

FREEMAN, Lyn W. et LAWLIS, G. Frank. *Mosby's Complementary & Alternative Medicine : A Research-Based Approach*. St Louis : Mosby.

FRISCH, Noreen Cavan. 2001. « Nursing as a context for alternative/complementary modalities ». *Online Journal of Issues in Nursing* 6, n° 2 (31 mai, 2001). http://www.nursingworld.org/ojin/topic15/tpc15-2.htm (consulté le 12 janvier 2004).

FULLER, Steve. 1996. « Does science put an end to history, or history to science ? Or, why being pro-science is harder than you think ». *In* Ross 1996, p. 29-60.

GALLUP, George Horace. 1983. *The Gallup Poll : Public Opinion 1982*. Wilmington, Del. : Scholarly Resources.

GALLUP, George Jr. 2002. *The Gallup Poll : Public Opinion 2002*. Wilmington, Del. : Scholarly Resources.

GARDNER, Martin. 1957. *Fads and Fallacies in the Name of Science*. New York : Dover.

GARDNER, Martin. 1981. « Parapsychology and quantum mechanics ». *In* George O. Abell et Barry Singer, éds. *Science and the Paranormal : Probing the Existence of the Supernatural*, p. 56-69. New York : Scribner. [Reproduit dans *A Skeptic Handbook of Parapsychology*, édité par Paul Kurtz, p. 585-598. Buffalo, NY : Prometheus Books, 1985.]

GEORGE, Julia B. 2002. *Nursing Theories : The Base for Professional Nursing Practice*, 5ᵉ éd. Upper Saddle River, NJ : Prentice Hall.

GERGEN, Kenneth J. 1988. « Feminist critique of science and the challenge of social epistemology ». *In Feminist Thought and the Structure of Knowledge*, édité par Mary McCanney Gergen, p. 27-48. New York : New York University Press.

GLAZER, Sarah. 2000a. « Postmodern nursing ». *The Public Interest* 140 (été), p. 3-16.

GLAZER, Sarah. 2000b. « Therapeutic touch and postmodernism in nursing », *in* Gorenstein, Shirley, éd. *Research in Science and Technology Studies : Gender and Work* (Knowledge and Society, vol. 12), p. 319-341, Stamford, CT : JAI Press. [Republié dans *Nursing Philosophy* 2 : 196-212 (2001).]

GLAZER, Sarah. 2002. « Response to critique of "Therapeutic Touch and postmodernism in nursing" ». *Nursing Philosophy* 3, p. 63-65.

GODWIN, Joscelyn. 1994. *The Theosophical Enlightenment*. Albany, NY : State University of New York Press.

GORDON, Colin. 1990. « *Histoire de la folie* : An unknown book by Michel Foucault ». *History of the Human Sciences* 3(1), p. 3-26.

GOULD, Stephen Jay. 1999. *Rocks of Ages : Science and Religion in the Fullness of Life*. New York : Ballantine.

Government of India, Department of Education. 2001. « Guidelines for setting up departments of Vedic Astrology in universities under the purview of University Grants Commission ». http://www.education.nic.in/htmlweb/circulars/astrologycurriculum.htm (consulté le 12 janvier 2004).

Government of India, Department of Education. 2003. *Annual Report 2002-2003*. http://www.education.nic.in/htmlweb/annualreport03/ar_en_03_cont.htm (consulté le 12 janvier 2004).

GRIFFIN, David Ray. 1988. « Introduction : The reenchantment of science ». *In* Griffin, David Ray, éd. *The Reenchantment of Science : Postmodern Proposals*, p. 1-46. Albany, NY : State University of New York Press.

GRIGG, Russell. 2002. « Evangelical colleges paid to teach evolution ». *Answers in Genesis*. http://www.answersingenesis.org/docs2002/0806templeton.asp (consulté le 12 janvier 2004).

GROSS, Paul R. et LEVITT, Norman. 1994. *Higher Superstition : The Academic Left and Its Quarrels with Science*. Baltimore : Johns Hopkins University Press. [Voir également la 2ᵉ éd. 1998.]

GROSS, Paul R., LEVITT, Norman et LEWIS, Martin W., éds. 1996. *The Flight from Science and Reason*. Annals of the New York Academy of Sciences, vol. 775. New York : New York Academy of Sciences.

GROSSER, Morton. 1962. *The Discovery of Neptune*. Cambridge, Mass. : Harvard University Press.

GUTTING, Gary. 1994a. « Foucault and the history of madness ». *In* Gutting, Gary, éd. *The Cambridge Companion to Foucault*, Cambridge-New York-Melbourne : Cambridge University Press, p. 47-70.

GUTTING, Gary. 1994b. « Michel Foucault's *Phänomenologie des Krankengeistes* ». *In* Micale, Mark S. et Roy Porter, *Discovering the History of Psychiatry*, New York-Oxford : Oxford University Press, p. 331-347.

HAACK, Susan. 1993. *Evidence and Inquiry : Towards Reconstruction in Epistemology*. Oxford : Blackwell.

HAACK, Susan. 1997. « We pragmatists... : Peirce and Rorty in conversation ». *Partisan Review*, n° LXIV (1), p. 91-107. [Réimprimé dans Haack 1998, chapitre 2.]

HAACK, Susan. 1998. *Manifesto of a Passionate Moderate : Unfashionable Essays*. Chicago : University of Chicago Press.

HAACK, Susan. 2003. *Defending Science – Within Reason : Between Scientism and Cynicism*. Amherst, NY : Prometheus Books.

HAKSAR, P. N., RAMANNA, Raja, BHARGAVA, P. M. *et al.* 1981. « A statement on scientific temper ». *Mainstream* [New Delhi], 25 juillet, p. 6-10.

HARDING, Sandra, 1991. *Whose Science ? Whose Knowledge ? : Thinking from Women's Lives*. Ithaca, NY : Cornelle University Press.

HARDING, Sandra, 1993. « Introduction : Eurocentric scientific illiteracy – A challenge for the world community ». *In* Hardin, Sandra, éd. *The « Racial » Economy of Science : Toward a Democratic Future*. Boominton, Indiana University Press, p. 1-22.

HARDING, Sandra. 1994. « Is science multicultural ? Challenges, resources, opportunities, uncertainties ». *Configurations* 2(2), p. 301-330.

HARDING, Sandra. 1996. « Science is "good to think with" ». *Social Text* 46-47, p. 16-26. [Reproduit dans Ross 1996, p. 16-28.]

HARDING, Sandra. 1998. *Is Science Multicultural ? : Postcolonialisms, Feminisms, and Epistemologies*. Bloomington, IN Indiana University Press.

HAYLES, N. Katherine. 1992. « Gender encoding in fluid mechanics : Masculine channels and feminine flows ». *Differences : A Journal of Feminist Cultural Studies* 4(2), p. 16-44.

HERF, Jeffrey. 1984. *Reactionary Modernism : Technology, Culture, and Politics in Weimar and the Third Reich*. Cambridge-New York-Melbourne : Cambridge University Press.

HERRMANN, Robert A. 2002. « The theological foundations of the John Templeton Foundation ». http://www.serve.com/herrmann/tphilo.htm (consulté le 12 janvier 2004).

HESS, David J. 1991. *Spirits and Scientists : Ideology, Spiritism, and Brazilian Culture*. University Park, PA : Pennsylvania State University Press.

HESS, David J. 1993. *Science in the New Age : The Paranormal, Its Defenders and Debunkers, and American Culture*. Madison, WI : University of Wisconsin Press.

HOBSBAWM, Eric. 1990. « Escaped slaves of the forest ». *New York Review of Books* 37(19), 6 décembre, p. 46-48. [Reproduit dans Hobsbawm 1997, chapitre 15, sous le titre « Postmodernism in the forest ».]

HOBSBAWM, Eric. 1993. « The new threat to history ». *New York Review of Books* 40(21), 16 décembre, p. 62-64. [Reproduit dans Hobsbawm 1997, chapitre 1, sous le titre « Outside and inside history ».]

Hobsbawm, Eric. 1997. *On History*. Londres : Weidenfeld & Nicolson.

Holton, Gerald. 2000. « The rise of postmodernism and the "end of science" ». *Journal of the History of Ideas* 61(2), p. 327-341. [Une version légèrement différente de cet article a été publiée dans Véliz, Claudio, éd. *Post-modernisms : Origins, Consequences, Reconsiderations*, Boston, MA : Boston University, The University Professors, p. 62-78.]

Hume, David. 1988 [1748]. *An Enquiry Concerning Human Understanding*. Amherst, N. Y. : Prometheus.

Huppert, George. 1974. « *Divinatio et Eruditio :* Thoughts on Foucault ». *History and Theory* 13, p. 191-207.

Iannaccone, Laurence, Stark Rodney et Finke Roger. 1998. « Rationality and the "religious mind" ». *Economic Inquiry* 36, p. 373-389.

Isaac, T. M. Thomas, Franke, Richard W. et Parameswaran, M. P. 1997. « From anti-feudalism to sustainable development : The Kerala Peoples Science Movement ». *Bulletin of Concerned Asian Scholars* 29(3), p. 34-44.

Jarrick, Arne. 2003. « The soap of truth is slippery, but it exists ». *Axess* [Stockholm], n° 5. http://www.axess.se.

Jayaraman, T. 2001a. « Vedic astrology and all that ». *Frontline* [Inde] 18(10), 12 mai.

Jayaraman, T. 2001b. « A judicial blow ». *Frontline* [Inde] 18(2), 9 juin.

Jean-Paul II. 1998. *Lettre encyclique Fides et Ratio du Souverain Pontife Jean-Paul II aux évêques de l'Église catholique sur les rapports entre la foi et la raison.* http://www.vatican.va/holy_father/john_paul_ii/encyclicals/documents/hf_jp-ii_enc_15101998_fides-et-ratio_fr.html.

Jenkins, Keith, éd. 1997. *The Postmodern History Reader*. Londres-New York : Routledge.

Jenkins, Keith. 2000. « A postmodern reply to Perez Zagorin ». *History and Theory* 39 : 181-200.

Jitatmanada, Swami. 1991. *Holistic Science and Vedanta*. Bombay : Bharatiya Vidya Bhavan.

Jobst, Kim A. 2002. « Passionate curiosity : From thoughts to cures through energy's myriad forms ». *Journal of Alternative and Complementary Medicine* 8(5), p. 523-525.

Jones, Colins et Porter, Roy, éds. 1994. *Reassessing Foucault : Power, Medicine and the Body*. Londres-New York : Routledge.

Kak, Subhash. 1994. *The Astronomical Code of the Rgveda*. New Dehli : Adytya Prakashan.

Kass, Robert E. 1999. « Introduction to "Solving the Bible Code puzzle" by Brendan McKay, Dor Bar-Natan, Maya Bar-Hillel et Gil Kalai ». *Statistical Science* 14(2), p. 149.

Kikuchi, June F., Simmons, Helen et Romyn, Donna, éds. 1996. *Truth in Nursing Inquiry*. Yhousand Oaks, Californie : Sage Publications.

Kinoshita, Toichiro. 1995. « New value of the α^3 electron anomalous magnetic moment ». *Physical Review Letters*, n° 75, p. 4728-4731.

KITCHER, Philip. 1982. *Abusing Science : The Case against Creationism*. Cambridge, MA : MIT Press.

KITCHER, Philip. 1984/85. « Good science, bad science, dreadful science, and pseudoscience ». *Journal of College Science Teaching* 14, décembre 1984/janvier 1985, p. 168-173.

KITCHER, Philip. 1998. « A plea for science studies ». *In A House Built on Sand : Exposing Postmodernist Myths about Science*, édité par Noretta Koertge, p. 32-56. New York : Oxford University Press.

KITCHER, Philip. 2005. « The many-sided conflict between science and religion. » À paraître dans *Blackwell Companion to the Philosophy of Religion*. Oxford : Blackwell.

KOLATA, Gina. 1998. « A child's paper poses a medical challenge ». *New York Times*, 1er avril, p. A1 et A20.

KRAUSS, Lawrence M. 1999. « An article of faith : Science and religion don't mix ». *Chronicle of Higher Education* 46(14), 26 novembre, p. A88.

KRIECK, Ernst. 1936. « Die Objektivität der Wissenschaft als Problem ». *In* Rust, Bernhard et Ernst Krieck, *Das Nationalsozialistische Deutschland und die Wissenschaft*, Hambourg : Hanseatische Verlangsanstalt, p. 23-35.

KRIECK, Ernst. 1942. *Natur und Wissenschaft*. Leipzig : Quelle & Meyer.

KRIEGER, Dolores. 1979. *The Therapeutic Touch : How to Use Your Hands to Help or to Heal*. Englewood Cliffs, NJ : Prentice Hall. [Réimprimé par Simon & Schuster, New York, 1992.]

KRIEGER, Dolores. 1981. *Foundations for Holistic Health Nursing Practices : The Renaissance Nurse*. Philadelphie : Lippicott.

KRIEGER, Dolores. 1987. *Living the Therapeutic Touch : Healing as a Lifestyle*. New York : Dodd, Mead.

KRIEGER, Dolores. 1993. *Accepting Your Power to Heal : The Personal Practice of Therapeutic Touch*. Santa Fe, NM : Bear & Co.

KRIEGER, Dolores. 2002. *Therapeutic Touch as Transpersonal Healing*. New York : Lantern Books.

KROV, Kathleen N. 1999. Recension de Barbara Geraghty, *Homeopathy for Midwives*. *Journal of Nurse-Midwifery* 44(3) : 334-335.

KUHN, Thomas. 1991 [1970]. *La Structure des révolutions scientifiques*, traduit de l'anglais (États-Unis) par Laure Meyer, Paris : Flammarion.

KULL, Steven *et al.* 2003. « Misperceptions, the media and the Iraq war », The PIPA/Knowledge Network Poll, Program on International Policy Attitudes (PIPA), 2 octobre 2003. http://www.pipa.org/ (consulté le 12 août 2004).

KULL, Steven *et al.* 2004. « US public beliefs on Iraq and the presidential election ». The PIPA/ Knowledge Network Poll, Program on international Policy Attitudes (PIPA), 22 avril 2004. http://www.pipa.org/ (consulté le 12 août 2004).

KUNZ, Dora. 1991. *The Personal Aura*. Wheaton, Illinois : Quest Books (The Theosophical Publishing House).

KUNZ, Dora, éd. 1995. *Spiritual Healing*. Wheaton, Illinois : Quest Books (The Theosophical Society Publishing House).

LABINGER, Jay et COLLINS, Harry, éds. 2001. *The One Culture ? : A Conversation about Science*. Chicago : University of Chicago Press.

LANGMUIR, Irving. 1989. « Pathological science ». *Physics Today* 42(10), octobre, p. 36-48.

LARSON, Edward J. et WITHAM, Larry. 1997. « Scientists are still keeping the faith » *Nature* 386, p. 435-436.

LARSON, Edward J. et WITHAM, Larry. 1998. « Leading scientists still reject God ». *Nature* 394, p. 313.

LATOUR, Bruno. 1995 *La Science en action : Introduction à la sociologie des sciences* ; traduit de l'anglais par Michel Biezunski. Texte révisé par l'auteur ; Paris, Gallimard [version originale : *Science in Action : How to Follow Scientists and Engineers through Society*. Cambridge, Mass. : Harvard University Press, 1987].

LATOUR, Bruno. 1998. « Ramsès II est-il mort de la tubercuolose ? ». *La Recherche*, n° 307, mars, p. 84-85. Voir également *errata* n° 308, avril, p. 85, et n° 309, mai, p. 7.

LAUDAN, Larry. 1990a. « Demystifying underdetermination ». *Minnesota Studies in the Philosophy of Science*, n° 14, p. 267-297. Réimprimé dans Larry Laudan, *Beyond Positivism and Relativism : Theory, Method, and Evidence*, Boulder CO : Westview Press, 1996, chapitre 2.

LAUDAN, Larry. 1990b. *Science and Relativism*. Chicago : University of Chicago Press.

LAUDAN, Larry. 1996. *Beyond Positivism and Relativism : Theory, Method and Evidence*. Boulder, CO : Westview Press.

LAUTRUP, B. et ZINKERNAGEL, H. 1999. « *g-2* and the trust in experimental results ». *Studies in History and Philosophy of Modern Physics*, n° 30B, p. 85-110.

LEPLIN, Jarrett. 1984. *Scientific Realism*. Berkeley : University of California Press.

LEVITT, Norman. 1999. *Prometheus Bedeviled : Science and the Contradictions of Contemporary Culture*. New Brunswick, N.J : Rutgers University Press.

LEWIS, Martin W. 1996. « Radical environmental philosophy and the assault on reason ». *In* Gross, Levitt and Lewis 1996, p. 209-230.

LUTJENS, Louette R. Johnson. 1991. *Martha Rogers : The Science of Unitary Human Beings*. Newbury Park, CA-Londres-New Dehli : Sage Publications.

MACILWAIN, Colin. 2000. « AAAS members fret over links with theological fondundation ». *Nature* 403, p. 819.

MACRAE, Janet. 1988. *Therapeutic Touch : A Practical Guide*. New York : Knopf.

MADRID, Mary, éd. 1997. *Patterns of Rogerian Knowing*. New York : National League for Nursing Press.

MADRID, Mary et BARRETT, Elizabeth Ann Manhart, éds. 1994. *Rogers' Scientific Art of Nursing Practice*. New York : National League for Nursing Press.

MALINSKI, Violet M., éd. 1986. *Explorations on Martha Rogers' Science of Unitary Human Beings*. Norwalk, Connecticut : Appleton-Century-Crofts.

MALINSKI, Violet M. 1994. « Highlights in the evolution of nursing science : Emergence of the Science of Unitary Human Beings ». *In* Malinski, Barrett et Phillips 1994, p. 197-204.

MALINSKI, Violet M., BARRETT, Elizabeth Ann Manhart et PHILLIPS, John R., éds. 1994. *Martha E. Rogers : Her Life and Her Work*. Philadelphie : F. A. Davis.

MARRINER-TOMEY, Ann et ALLIGOOD, Martha Raile. 2002. *Nursing Theorists and Their Work*, 5ᵉ éd. St. Louis : Mosby.

MAUDLIN, Tim. 1994. *Quantum Non-Locality and Relativity : Methaphysical Intimations of Modern Physics*. Aristotelian Society Series, vol. 13. Oxford : Blackwell.

MAUDLIN, Tim. 1996. « Kuhn édenté : incommensurabilité et choix entre théories ». [Titre original : « Kuhn defanged : incommensurability and theory-choice ».] Traduit par Jean-Pierre Deschepper et Michel Ghins. *Revue philosophique de Louvain* 94, p. 428-446.

MAWHIN, Jean. 1996. « La Terre tourne-t-elle ? À propos de la philosophie scientifique de Poincaré ». *In Le Réalisme : contribution au séminaire d'histoire des sciences, 1993-1994*, édité par J.-F. Stoffel, Louvain-la-Neuve : Réminiscence.

MAXWELL, Grover. 1962. « The ontological status of theoretical entities ». *In Scientific Explanation, Space, and Time*, vol 3, édité par H. Feigel et G. Maxwell, *Minnesota Studies in the Philosophy of Science*, p. 3-27. Minneapolis : University of Minnesota Press, 1962. [Réimprimé dans Martin Curd et Jan A. Cover, eds. *Philosophy of Science, the Central Issues*, New York : Norton, 1998, p. 1052-1063.]

MAXWELL, Nicholas. 1998. *The Comprehensibility of the Universe : A New Conception of Science*. Oxford : Clarendon.

MAYR, Ernst. 1982. *The Growth of Biological Thought : Diversity, Evolution, and Inheritance*. Cambridge, Mass. : Belknap Press.

McFARLIN, Barbara L., GIBSON, Mary H., O'REAR, Jann et HARMAN, Patsy. 1999. « A national survey of herbal preparations used by nurse-midwives for labor stimulation : Review of the literature and recommendation for practice ». *Journal of Nurse-Midwifery* 44(3), p. 205-216.

McGINN, Colin. 1993. *Problems in Philosophy : The Limits of Inquiry*. Oxford : Blackwell.

McKAY, Brendan, BAR-NATAN, Dror, BAR-HILLEL, Maya et KALAI, Gil. 1999. « Solving the Bible Code puzzle ». *Statistical Science* 14(2), p. 150-173.

McQUISTON, Chris Metzger et WEBB, Adele A. 1995. *Foundations of Nursing Theory : Contributions of 12 Key Theorists*. Thousands Oaks, CA : Sage Publications.

MEGILL, Allan. 1987. « The reception of Foucault by historians. » *Journal of the History of Ideas* 48(1), p. 117-141.

MELEIS, Afaf Ibrahim. 1997. *Theoretical Nursing : Development and Progress*, 3ᵉ éd. Philadelphie : Lippincott.

MENON, Parvathi. 2002. « Mis-oriented textbooks ». *Frontline* [Inde] 19(17), 17 août.

MENON, Parvathi et RAJALAKSHMI, T. K. 1998. « Doctoring textbooks ». *Frontline* [Inde] 15(23), 7 novembre.

MERCHANT, Carolyn. 1980. *The Death of Nature : Women, Ecology, and the Scientific Revolution.* San Francisco : Harper & Row.

MERCHANT, Carolyn. 1992. *Radical Ecology : The Search for a Livable World.* New York : Routledge.

MERMIN, N. David. 1993 « Hidden variables and the two theorems of John Bell ». *Reviews of Modern Physics,* 65, p. 803-815.

MERMIN, N. David. 1998a. « The science of science : A physicist reads Barnes, Bloor and Henry ». *Social Studies of Science,* 28, p. 603-623.

MERMIN, N. David. 1998b. « Abandoning preconceptions : Reply to Bloor and Barnes ». *Social Studies of Science,* 28, p. 641-647.

MERRICK, Janna C. 2003. « Spiritual healing, sick kids and the law : Inequities in the American healthcare system ». *American Journal of Law and Medecine,* **29** (2/3). 269-299.

MICOZZI, Marc S., ed. 2001. *Fundamentals of Complementary and Alternative Medecine,* 2nd ed. Philadelphia : Churchill Livingstone.

MIDELFORT, H. C. Erik. 1980. « Madness and civilization in early modern Europe : A reappraisal of Michel Foucault ». *In : After the Reformation : Essays in Honor of J. H. Hexter,* edited by Barbara C ; Malament, p. 247-265. Philadelphia : University of Pensylvania Press.

MIDELFORT, H. C. Erik. 1990. « Comment on Colin Gordon ». *History of the Human Sciences* 3(1) : 41-45.

MIDELFORT, H. C. Erik. 1994. *Mad Princes of Renaissance Germany.* Charlottesville : University of Virginia Press.

MIDELFORT, H. C. Erik. 1999. *A History of Madness in Sixteenth-Century Germany.* Stanford CA : Stanford University Press.

MIES, Maria et SHIVA, Vandana. 1993. *Ecofeminism.* London : Zed Books.

MILLER, Geoffrey. 2000. *The Mating Mind : How Sexual Choice Shaped the Evolution of Human Nature.* London : William Heinemann.

MOORE, Patrick. 1996. *The Planet Neptune,* 2ᵉ éd. Chichester : John Wiley and Sons.

MUKHYANANDA, Swami. 1997. *Vedanta in the Context of Modern Science : A Comparative Study.* Mumbai [Bombay] : Bharatiya Vidya Bhavan.

MURPHY, Patricia Aikins, KRONENBERG, Fredi et WADE, Christine. 1999. « Complementary and alternative medecine in women's health : Developing a research agenda ». *Journal of Nurse-Midwifery* 44(3) : 192-204.

NAGEL, Thomas. 1997. *The Last Word.* New York : Oxford University Press.

NAGEL, Thomas. 1998. « The sleep of reason. » *The New Republic,* 12 octobre, 1998, p. 32-38.

NANDA, Meera. 1997. « The Science Wars in India ». *Dissent* 44(1) : 78-83.

NANDA, Meera. 2003. *Prophets Facing Backward : Postmodern Critiques of Science and Hindu Nationalism in India.* New Brunswick, NJ : Rutgers university Press.

NANDA, Meera. 2004. « Postmodernism, Hindu nationalism and "Vedic science" », part 2. *Frontline* [India] 21(1), 3.

NANDY, Ashis. 1981. « Counter-statement on humanistic temper ». *Mainstream* [New Delhi], 10 : 16-18.

NANDY, Ashis. 1987a. *Traditions, Tyranny and Utopias : Essays in the Politics of Awareness*. Delhi : Oxford University Press.

NANDY, Ashis. 1987b. « Cultural frames for social transformation : A credo ». *Alternatives* [Boulder, Colorado] 12 : 113-123. [Republié dans *Political Discourse : Explorations in Indian and Western Political Thought*, edited by Bhiku Parekh and Thomas Pantham, p. 238-248. New Delhi : Sage Publications, 1987.]

NANDY, Ashis ed. 1988. *Science, Hegemony and Violence : A Requiem for Modernity*. Tokyo : The United Nations/Delhi : Oxford University Press.

NANDY, Ashis et VISVANATHAN Shiv. 1990. « Modern medecine and its non-modern critics : A study in discourse ». In : *Dominating Knowledge : Development, Culture, and Resistance*, ed. by Frédérique Apffel Marglin and Stephen A. Marglin, p. 145-184. Oxford-New York : Clarendon Press/Oxford University Press. [Republié dans *A Carnival for Science : Essays on Science, Technology and Development*, by Shiv Visvanathan, p. 94-145. Delhi : Oxford University Press, 1997.]

NEHRU, Jawarharlal. 2002 [1946]. *La Découverte de l'Inde*. Arles : Philippe Picquier.

NEWTON-SMITH, W. H. 1981. *The Rationality of Science*. London-New York : Routledge and Kegan Paul.

NOWOTNY, Helga et ROSE, Hilary, éds. 1979. *Counter-Movements in the Sciences*. Dordrecht : D. Reidel.

OLIVER, Kelly. 1989. « Keller's gender/science system : Is the philosophy of science to science as science is to nature ? » *Hypathia* 3 (3), p. 137-148.

OMERY, Anna, KASPER, Christine E. et PAGE, Gayle G., éds. 1995. *In Search of Nursing Science*. Thousand Oaks, California : Sage Publications.

ORTIZ DE MONTELLANO, Bernard R. 1996. « Afrocentric pseudoscience : The miseducation of African Americans ». *In* Gross, Levitt et Lewis 1996, p. 561-572.

PALMER, Richard E. 1977. « Postmodernity and hermeneutics ». *Boundary 2* 5(2) : 363-394.

PANIKKAR, K. N. 2001. « Outsider as enemy : The politics of rewriting history in India ». *Frontline* [Inde] 18(1), 6 janvier.

PARK, Robert L. 2000. *Voodoo Science : The Road from Foolishness to Fraud*. Oxford-New York : Oxford University Press.

PATNAIK, Prabhat. 2001. « The assault on reason ». *Frontline* [Inde] 18(18), 1er septembre.

PEACOCKE, Arthur. 1990. *Theology for a Scientific Age : Being and Becoming – Natural and Divine*. Oxford : Blackwell.

PHILLIPS, John R. 1994a ; « Foreword ». *In* Malinski, Barrett et Phillips 1994, p. v-ix.

PHILLIPS, John R. 1994b ; « Rogers' contribution to science at large ». *In* Malinski, Barrett et Phillips 1994, p. 330-336.

PHILLIPS, John R. 1997. « Evolution of the Science of Unitary Human Beings ». *In* Madrid 1997, p. 11-27.

PICKERING, Andrew. 1984. *Constructing Quarks : A Sociological History of Particle Physics*. Chicago : University of Chicago Press.

PLOFKER, Kim. 1996. « Review of S. Kak, *The Astronomical Code of the Rgveda* ». *Centaurus : International Magazine of the History of Science and Technology* 38 : 362-364.

PLUMWOOD, Val. 1993. *Feminism and the Mastery of Nature*. London-New York : Routledge.

PLUMWOOD, Val. 2002. *Environmental Culture : The Ecological Crisis of Reason*. London-New York : Routledge.

POINCARÉ, Henri. 1904. « La Terre tourne-t-elle ? » *Bulletin de la Société astronomique de France*, n° XVIII, p. 216-217.

POLKINGHORNE, John. 1991. *Reason and Reality : The Relationship between Science and Theology*. Philadelphia : Trinity Press International.

POPPER, Karl R. 1959. *The Logic of Scientific Discovery*. Traduction établie par l'auteur avec l'assistance de Julius Freed et Lan Freed. Londres : Hutchinson. Édition originale allemande : *Logik der Forschung : Zur Erkenntnistheorie der modernen Naturwissenschaft*. Vienne : Springer, 1935. Trad. française, Paris : Payot, 1973.

POPPER, Karl R. 1989. *Conjectures and Refutations : The Growth of Scientific Knowledge*, 5e édition [1re éd. 1963] Londres : Routledge & Kegan Paul.

PORTER, Roy. 1987. *Mind-Forg'd Manacles : A History of Madness in England from The Restoration to the Regency*. Cambridge, Mass. : Harvard University Press.

PORTER, Roy. 1990. « Foucault's great confinement ». *History of the Human Sciences* 3 (1), p. 47-53.

QUINE, Willard van Orman. 1980. « Two dogmas of empiricism ». *In From a Logical Point of View*, 2e édition révisée (1re édition, 1953). Cambridge, Mass. : Harvard University Press.

RADNER, Daisie et Michael. 1982. *Science and Unreason*. Belmont, CA : Wadsworth.

RAHMAN, Maseeh. 2003. « Matches, hatches and dispatches are all made in heaven for India's millions ». *The Guardian* [Londres], 29 novembre.

RAISLER, Jeanne. 1999. « Editorial : Complementary and alternative healing in midwifery care ». *Journal of Nurse-Midwifery* 44(3), p. 189-191.

RAJARAM, Navaratna Srinivasa. 1998. *A Hindu View of the World : Essays in the Intellectual Kshatriya Tradition*. New Delhi : Voices of India.

RAMACHANDRAN, R. 2001. « Degrees of pseudo-science ». *Frontline* [Inde] 18(7), 31 mars.

RAMAN, Varadaraja V. 2002. « Science and the spiritual vision : a Hindu perspective ». *Zygon* 37(1), p. 83-94. [Également publié dans *When Worlds Converge : What Science and Religion Tell Us about the Story of the Uni-*

verse and Our Place in It, Clifford N. Matthews, Mary Evelyn Tucker et PhilipJ Hefner, éds. Chicago : Open Court, 2002.]

RASKIN, Jef. 2000. « Rogerian nursing theory : A humbug in the halls of higher learning ». *Skeptical Inquirer* 24(5), septembre/octobre, p. 31-35.

REHDER, J. E. 1986. « Use of preheated air in primitive furnaces : Comment on views of Avery and Schmidt », *Journal of Field Archaeology* 13, p. 351-353.

RELMAN, Arnold S. 1998. « A trip to Stonesville : Andrew Weil, the boom in alternative medicine and the retreat from science ». *The New Republic* 219 (24), 14 décembre : 28-37.

RIEHL-SISCA, Joan P. 1989. *Conceptual Models for Nursing Practice*, 3ᵉ éd. Norwalk, CT : Appleton & Lange.

ROGERS, Martha E. 1970. *An Introduction to the Theoretical Basis of Nursing*. Philadelphie : F. A. Davis. [De brefs extraits sont reproduits dans Malinski, Barrett et Phillips 1994, p. 205-219.]

ROGERS, Martha E. 1980. « Nursing : A science of unitary man ». *In Conceptual Models for Nursing Practice*, 2ᵉ éd. Riehl, Joan P. et Callista Roy, éds., p. 329-331. New York : Appleton-Century-Crofts. [Reproduit dans Malinski, Barrett et Phillips 1994, p. 225-232.]

ROGERS, Martha E. 1986. « Science of unitary human beings ». *In* Malinski 1986, p. 3-8. [Reproduit dans Malinski, Barrett et Phillips 1994, p. 233-238.]

ROGERS, Martha E. 1990. « Nursing : Science of unitary, irreducible, human beings : Update 1990 ». *In* Barrett 1990, p. 5-11. [Reproduit dans Malinski, Barrett et Phillips 1994, p. 244-249.]

ROGERS, Martha E. 1992. « Nursing science and the space age ». *Nursing Science Quarterly* 5(1) : 27-34. [Reproduit dans Malinski, Barrett et Phillips 1994, p. 256-67.]

ROGERS, Martha E., MALINSKI, Violet M. et YOUNG, Alice Adam, éds. 1985. *Examining the Cultural Implications of Martha E. Rogers' Science of Unitary Human Beings*. Lecompton, Kansas : Wood-Kekahbah Associates.

RORTY, Richard. 1998. *Truth and Progress : Philosophical Papers*. Cambridge : Cambridge University Press.

ROSA, Linda, ROSA, Emily, SARNER, Larry et BARRETT, Stephen. 1998. « A close look at therapeutic touch ». *Journal of the American Medical Association* 279(13), p. 1005-1010.

ROSS, Andrew. 1991. *Strange Weather : Culture, Science and Technology in the Age of Limits*. Londres-New York : Verso.

ROSS, Andrew, éd. 1996. *Science Wars*. Durham, NC : Duke University Press.

ROY, Raja Ram Mohan. 1998. *Vedic Physics : Scientific Origins of Hinduism* Avec une préface de Subhash Kak. Toronto : Golden Egg Publishing. [De longs extraits de ce livre sont disponibles sur http://www.goldeneggpublishing.com/ (consulté le 17 janvier 2004).]

RUSSELL, Bertrand. 1961a (1ʳᵉ éd. 1946). *History of Western Philosophy*, 2ᵉ édition. Londres : George Allen & Unwin. [Réimprimé par Routledge : Londres, 1991.]

RUSSELL, Bertrand. 1961b. *The Basic Writings of Bertrand Russell, 1903-1959*. Egner, Robert E. et Lester E ; Dennon, éds. New York : Simon and Schuster.

RUSSELL, Bertrand. 1995 (1ʳᵉ éd. 1959). *My Philosophical Development*. Londres : Routledge.

SALMON, Daniel A. *et al.* 1999. « Health consequences of religious and philosophical exemptions from immunization laws : Individual and societal risks of measles ». *Journal of the American Medical Association* 281 (1), 47-53.

SARNER, Larry. 2002. « Therapeutic touch ». *In The Skeptic Encyclopedia of Pseudoscience*, Shermer, Michael, éd., vol 1, p. 243-252. Santa Barbara, CA : ABC-CLIO.

SARTER, Barbara. 1988. *The Stream of Becoming : A Study of Martha Rogers' Theory*. New York : National League for Nursing.

SAYRE-ADAMS, Jean et WRIGHT, Stephen G. 2001. *The Theory and Practice of Therapeutic Touch*. Edinburgh-New York : Churchill Linvingstone.

SCHEIBER, Béla et SELBY, Carla, éds. 2000. *Therapeutic Touch*. Amherst, NY : Prometheus Books.

SCHMIDT, Peter et AVERY, Donald H. 1978. « Complex iron smelting and prehistoric culture in Tanzania ». *Science* 201, p. 1085-1089.

SCULL, Andrew. 1990. « Michel Foucault's history of madness ». *History of the Human Sciences* 3(1), p. 57-67.

SCULL, Andrew T. 1992. « A failure to communicate ? On the reception of Foucault's *Histoire de la folie* by Anglo-American historians ». *In Rewriting the History of Madness*, édité par Arthur Still et Irving Velody, p. 150-163. Londres-New York : Routledge.

SHERMER, Michael. 2002. *Why People Believe Weird Things : Pseudoscience, Superstition, and Other Confusions of Our Time*, éd. révisée. New York : Holt.

SHIVA, Vandana. 1988. « Reductionist science as epistemological violence ». *In* Nandy 1988, p. 2323-256.

SHIVA, Vandana. 1989. *Staying Alive : Women, Ecology and Development*. Londres : Zed Books.

SOKAL, Alan D. et BRICMONT, Jean. 1997. *Impostures intellectuelles*. Paris : Odile Jacob. (2ᵉ édition française, Le Livre de poche, 1999.) éd. américaine, 1998. *Fashionable Nonsense : Postmodern Intellectuals' Abuse of Science*. New York : Picador USA. [Publié en Angleterre sous le titre *Intellectual Impostures : Postmodern Philosophers' Abuse of Science*. London : Profile Books, 1998.]

SPIEGEL, Gabrielle M. 2000. « Épater les médiévistes ». *History and Theory* 39 : 243-250.

SPITZER, Alan B. 1996. *Historical Truth and Lies about the Past : Reflections on Dewey, Dreyfus, de Man, and Reagan*. Chapell Hill : University of North Carolina Press.

SPIVAK, Gayatri Chakravorty. 1988. « Subaltern studies : Deconstructing historiography ». *In Selected Subaltern Studies*, édité par Ranajit Guha et Gayatri Chakravorty Spivak, p. 3-34.

STAHLMAN, Jack. 2000. « A brief history of therapeutic touch ». *In* Scheiber et Selby 2000, p. 21-51.

STALKER, Douglas et GLYMOUR, Clark. 1985a. « Quantum medicine ». *In* Stalker et Glymour 1985b, p. 107-125.

STALKER, Douglas et GLYMOUR, Clark, éds. 1985b. *Examining Holistic Medicine*. Buffalo, NY : Prometheus Books.

STEVENSON, Chris et BEECH, Ian. 2001. « Paradigms lost, paradigms regained : Defending nursing against a single reading of postmodernism ». *Nursing Philosophy 2 :* 143-150.

TEMPLETON, John M. et HERRMANN, Robert L. 1989. *The God who Would Be Known : Revelations of the Divine in Contemporary Science*. San Francisco-New York : Harper&Row.

Templeton Foundation. 2003. Sites web de la Fondation John Templeton : http://www/templeton.org et http://www.templetonprize.org (consulté le 12 janvier 2004).

THOMPSON, Janice L. 2002. « Which postmodernism ? A critical response to "Therapeutic touch and postmodernism in nursing" ». *Nursing Philosophy 3 :* 58-62.

THORNE, Sally E. et HAYES, Virginia E., éds. 1997. *Nursing Praxis : Knowledge and Action*. Thousand Oaks, California : Sage Publications.

VAN DYCK, Robert S., SCHWINBERG, Paul B. Jr. et DEHMELT, Hans G., 1987. « New high-precision comparison of electron and positron g factors ». *Physical Review Letters*, n° 59, p. 26-29.

VAN FRAASEN, Bas. 1994. « Discussion ». *In Physics and Our View of the World*, édité par J. Hilgevoord. Cambridge : Cambridge University Press.

VAN SERTIMA, Ivan, éd. 1983. *Blacks in Science : Ancient and Modern*. New Brunswick, NJ : Transaction Books.

VASUDEV, Gayatri Devi. 2001. « Vedic astrology and pseudo-scientific criticism ». *The Organiser* [Inde], 10 juin. [Reproduit dans *The Astrological Magazine*, Inde, juin 2001.]

VIVEKANANDA, Swami. 1970. *The Complete Works of Swami Vivekananda*, 8 vols, Mayavati memorial edition. Calcutta : Adevaita Ashrama. [Première édition en 1907.]

WAGER, Susan. 1996. *A Doctor's Guide to Therapeutic Touch*. New York : Berkley Publishing Group.

WALLIS, Roy, éd. 1979. *On the Margins of Science : The Social Construction of Rejected Knowledge*. Sociological Review Monograph 27. Keele (Angleterre) : University of Keele.

WATSON, Jean. 1995. « Postmodernism and knowledge development in nursing ». *Nursing Science Quarterly* 8 (2), p. 60-64.

WATSON, Jean. 1999. *Postmodern Nursing and Beyond*. Avec une préface de Barbara Montgomery Dossey et Larry Dossey. Édimbourg-Londres-New York : Churchill-Livingstone.

WATSON, Jean et SMITH, Marlaine C. 2002. « Caring science and the science of unitary human beings : A trans-theoretical discourse for nursing knowledge development ». *Journal of Advanced Nursing* 37 (5), 452-461.

WEIL, Andrew. 1998. *The Natural Mind : An Investigation of Drugs and the Higher Consciousness,* éd. Révisée. Boston-New York : Houghton Mifflin.

WEINBERG, Steven. 1992. *Dreams of a Final Theory.* New York : Pantheon. Trad. fr. par Jean-Paul Mourlon avec la collaboration scientifique de Jean Bricmont, *Le Rêve d'une théorie ultime,* Paris : Odile Jacob, 1997.

WEINBERG, Steven. 1995. « Reductionism redux ». *New York Review of Books* 42(15), 5 octobre, p. 39-42.

WEINBERG, Steven. 1998. « The revolution that didn't happen ». *New York Review of Books,* 8 octobre 1998, p. 48-52.

WERTHEIM, Margaret. 1995. « The John Templeton Foundation model courses in science and religion ». *Zygon* 30 : 491-500.

WHEEN, Francis. 2004. *How Mumbo-Jumbo Conquered the World.* Londres : Fourth Estate.

WILLIAMS, Susan M. 1985. « Holistic nursing ». *In* Stalker et Glymour 1985b, p. 49-63.

WILSON, Kenneth G. 1979. « Problems in physics with many scales of length ». *Scientific American,* n° 241, août, p. 158-179.

WINDSCHUTTLE, Keith. 1997. *The Killing of History : How Literary Critics and Social Theorists are Murdering Our Past.* New York : Free Press.

WITZEL, Michael. 2001. « Autochtonous Aryans ? The evidence from old Indian and Iranian texts ». *Electronic Journal of Vedic Studies* 7, n° 3, disponible sur : http://users.primushost.com/»india/ejvs/ (consulté le 23 juillet 2004).

WITZTUM, Doron, RIPS, Eliyahu et ROSENBERG, Yoav. 1994. « Equidistant letter sequences in the book of Genesis ». *Statistical Science* 9 (3) : 429-438.

WOLPERT, Lewis. 1993. *The Unnatural Nature of Science.* Cambridge, MA : Harvard University Press.

WYLIE, Alison. 1992. « The interplay of evidential constraints and political interests : Recent archaeological research on gender ». *American Antiquity* 57 (1), p. 15-35.

YOUNG, Anne, TAYLOR, Susan G. et RENPENNING, Kathie McLaughlin. 2001. *Connections : Nursing Research, Theory, and Practice.* St. Louis : Mosby.

ZAGORIN, Perez. 1999. « History, the referent, and narrative : Reflections on postmodernism now ». *History and Theory* 38, p. 1-24.

ZAGORIN, Perez. 2000. « Rejoinder to a posmodernist ». *History and Theory* 39, p. 201-209.

Remerciements

Je voudrais remercier Jean Bricmont, Norm Levitt, Meera Nanda et Marina Papa Sokal pour de nombreuses conversations passionnantes sur les questions abordées dans le texte principal et l'Appendice A ; Meera Nanda pour avoir mis à ma disposition le manuscrit de son livre avant sa publication ainsi que de nombreux documents ; Helena Cronin, Richard Evans, Garrett Fagan, Sarah Glazer, Arne Jarrick, Noretta Koertge, Norm Levitt, Meera Nanda et Marina Papa Sokal pour leurs commentaires sur des versions préliminaires de ce travail ; et Helena Cronin, Richard Dawkins, Richard Evans, Garrett Fagan, Sarah Glazer, Gerald Holton, Arne Jarrick, Noretta Koertge, Norm Levitt, Donald Marcus, Latha Menon, Meera Nanda, Arnold Relman, Wallace Sampson, Gerhard Sonnert et Perez Zagorin pour m'avoir suggéré certaines références. Bien sûr, aucune des personnes citées n'est en quoi que ce soit responsable de ce que j'ai écrit.

Je voudrais également remercier l'Interlibrary Loan Office de la bibliothèque Bobst de New York University pour avoir donné suite avec autant d'efficacité à mes innombrables requêtes.

Enfin, je voudrais remercier Garrett Fagan qui m'a invité à écrire l'article dont cet ouvrage est issu.

Alan SOKAL

Nous tenons à remercier Paul Boghossian, Jim Brown, Michel Ghins, Shelley Goldstein, Antti Kupiainen, Norm Levitt et Tim Maudlin pour de nombreuses conversations intéressantes sur les questions abordées dans l'Appendice B. Il va sans dire qu'ils ne sont en aucune façon responsables de ce que nous avons écrit.

Jean BRICMONT et Alan SOKAL

Table

Ouvrage publié sous la responsabilité
éditoriale de Gérard Jorland

Cet ouvrage a été transcodé et mis en pages
chez NORD COMPO (Villeneuve-d'Ascq)